甘肃12316“三农”服务问答系列丛书

U0797339

畜禽养殖技术

XUQIN YANGZHI JISHU

程小宁　主编

甘肃科学技术出版社

甘肃·兰州

图书在版编目（CIP）数据

畜禽养殖技术 / 程小宁主编. -- 兰州 : 甘肃科学技术出版社, 2024.9
ISBN 978-7-5424-3190-5

Ⅰ. ①畜… Ⅱ. ①程… Ⅲ. ①畜禽－饲养管理 Ⅳ. ①S815

中国国家版本馆CIP数据核字(2024)第049079号

畜禽养殖技术

程小宁　主编

责任编辑　刘　钊
封面设计　魏士杰

出　版　甘肃科学技术出版社
社　址　兰州市城关区曹家巷1号　730030
电　话　0931-2131575(编辑部)　0931-8773237(发行部)

发　行　甘肃科学技术出版社　　印　刷　兰州万易印务有限责任公司
开　本　787毫米×1092毫米　1/16　　印　张　13.25　字　数　185千
版　次　2024年9月第1版
印　次　2024年9月第1次印刷
印　数　1~2000
书　号　ISBN 978-7-5424-3190-5　定　价　29.80元

图书若有破损、缺页可随时与本社联系:0931-8773237
本书所有内容经作者同意授权,并许可使用
未经同意,不得以任何形式复制转载

编　委　会

主　　任：高兴明

副 主 任：程小宁

委　　员：（按拼音首字母排序）

胡箭卫　晋小军　寇宗彦　李　斌　李秉诚

李东玲　李国梁　李廷群　刘军德　孟铁男

彭志云　宋海慧　史正保　张碧芸　张明宗

主　　编：程小宁

参编人员：（按拼音首字母排序）

胡箭卫　李秉诚　李芙凝　李新社　潘生功

武广善　张　敬　张苏琼　周万善

序

春华秋实，岁物丰成。承载着服务“三农”的重任，转眼，甘肃12316走过了栉风沐雨的十五年。

十五年来，甘肃12316孜孜以求、坚持不懈，用饱满的激情在陇原大地上书写着精彩纷呈的故事，演绎着炫人耳目的华章。甘肃12316通过以电话接入为主的服务模式，破解了信息传递“最后一公里”的瓶颈制约，改变了信息“自上而下”被动推送的传统模式，实现了信息服务的精准高效；以组建跨行业、跨部门专家服务团队的模式，打破了信息壁垒，实现了信息互联互通。十五年开拓创新，通过常年专家座席和出现场解决问题的方式，把科技“三下乡”变成了“常下乡”“常在乡”，这也是甘肃12316持续发展的生命力和魅力所在；十五年与时俱进，利用信息化技术持续丰富、完善服务，完成了甘肃12316由一部电话到一个平台的华丽转身，构建了五彩缤纷的甘肃12316综合信息服务平台，进一步降低了信息传递和使用的成本，缩小了城乡“数字鸿沟”，加快了信息普及和科技成果转化。可以说，12316这种为农服务模式，是政府了解村情民意、掌握“三农”需求的窗口，在转变政府工作作风、改进干群关系、推广农业先进技术等方面发挥了不可替代的作用，为广大老百姓提供了“用得上、用得起、用得好的信息服务”，让老百姓更好地分享“三农”发展成果，产生更多获得感和幸福感。

春风化雨，润物无声。历经多年发展，甘肃12316已成为农民与政府之间的“连心线”、农民与专家之间的“科技线”、农民与市场之间的“致富线”，是政府服务“三农”的品牌和靓丽名片，受到各方面关注和肯定。甘肃省农业信息中心，以12316发展为主要事迹，2015年，被中宣部、中央文明办、科技部、农业部、文化部、卫计委等12部委授予“全国文化科技卫生‘三下乡’先进集体”称号；2017年，被全国妇联授予“全国巾帼建功先进集体”称号。甘肃12316在2017年被省妇联授予“全省巾帼文明岗”荣誉称号。作为与甘肃12316共同成长的《12316“三农”热线》屡获殊荣，2023年，荣获“中国广播电视大奖2021—2022年度广播电视节目奖”。

甘肃12316“三农”问答系列丛书的出版，是对12316立足“三农”，以服务为根本宗旨的进一步发扬光大。希望甘肃12316不忘初心，砥砺奋进，继续提升服务水平，加大服务力度，助力农民增收，为加快推进乡村振兴、实现农业现代化的甘肃实践提供新动力、作出新贡献！

2024年1月

前　言

12316是全国农业系统公益服务统一专用号码。甘肃12316是在甘肃省委、省政府的亲切关怀和直接推动下，由甘肃省农业农村厅、省广电局、省通信管理局、省广电总台及中国电信甘肃公司等部门共同打造的“三农”综合信息服务平台。2008年4月1日在全省范围正式开通运行。

甘肃12316现有省级座席专家200多名，专业组30个，市县级专家1000多名，专业领域涵盖“三农”工作的方方面面，基本实现了与“三农”需求的无缝对接。十五年来，甘肃12316平台累计解答各类咨询700多万例，日均咨询量稳定在1000个，组织专家出现场1000余次，为农民朋友解决了大量生产生活中的难题，赢得了各方面的信任和点赞。甘肃12316在服务“三农”的过程中，积累了大量的第一手信息，这些信息及时、准确地反映了当前“三农”领域的方方面面，很多问题具有一定的普遍性，一个农民遇到的具体问题，可能是其他农民甚至是一个行业遇到的共性问题，具有很强的代表性和参考价值。基于这种考虑，这些年，我们在做好服务的同时，注重12316平台资源的积累和整理工作，对平台中一些共性的、有代表性的问题进行了梳理、分类、归纳和提炼，形成了甘肃12316“三农”服务问答系列丛书，供全省广大农民朋友在农业生产生活中参考借鉴。

甘肃12316“三农”服务问答系列丛书包括《三农综合知识》

《农作物栽培技术》《畜禽养殖技术》《农作物病虫害防治技术》《动物疫病防控技术》等，旨在积累、沉淀12316平台资源，延续、扩大12316服务“三农”作用。为此，编者在梳理、汇总历年资料的基础上，大浪淘沙，力求把基层最关注、最需要的信息呈现出来，以期取之于民、用之于民，更好地发挥科技对农业的支撑作用。与此同时，需要注意的是，由于农业生产具有地域性，书中有些内容尤其是技术类问题主要适用于甘肃省内用户，广大用户参阅时，要考虑当地生产实践，因地制宜，切忌不可照搬。

《畜禽养殖技术》从解决畜牧养殖过程中的实际问题出发，分门别类，对牛、羊、鸡、猪、驴、蜜蜂、肉兔等从饲养技术到饲料的科学喂养等方面进行了系统梳理和科学解答，以期为养殖户提供参考和借鉴。本书共8部分（本书目录中“部分”相当于“章”），第1部分至第4部分由张敬编写，第5部分至第8部分由李芙凝编写。

感谢所有参编人员，他们对相关内容进行了仔细的编辑与审核，在此表示诚挚的感谢！同时，由于在编撰过程中无法准确标注原始资料来源，对于未能标注出处的专家，敬请谅解！对他们作出的贡献深表感谢！

本书通俗易懂，实用性强，适合广大农民、基层农技人员学习参考，也可作为农业科技人员培训教材。由于编者水平和能力所限，书中错误或不妥之处在所难免，恳请广大读者见谅并欢迎批评指正。

编者

2024年1月

目　录

第1部分

牛的养殖技术

1.如何饲养刚买回来的犊牛?

(1)多观察、多呵护

新买的小牛犊由于路上的长途运输和地方转换等问题有一些不适应的情况,所以当小牛犊进入消毒圈舍后,要在饮水中加入多维素等抗应激药物,减少其应激反应,并喂给适口性好的饲料。开始的时候要多喂水,少喂精饲料,然后慢慢增加精饲料的量。

(2)保证自由饮水,饲料少给勤添

一般情况下一天喂两次,上午、下午各喂一次。但是为了使育肥牛生长速度加快,提高养牛的利润和牛每天增加的重量,可以在晚上适当增加1~2次喂养,24小时自由饮水。

(3)让牛充分反刍,提高效益

8~12月期间,是肉牛生长最快的时候,应该每天增加精料的比例,同时要控制粗饲料的比例。粗料比例控制在10%~20%,这个比例更利于牛的反刍消化,提高饲料的利用率以取得好的经济效益。

2. 同样的鲜牛奶，为什么感觉冬季的比夏季的稠？

牛奶的主要成分为：水分87.5%，脂肪3.5%~4.2%，蛋白质2.8%~3.4%，乳糖4.6%~4.8%，无机盐0.7%左右。

组成人体蛋白质的氨基酸有20种，其中有8种是人体本身不能合成的，这些氨基酸称为必需氨基酸。进食的蛋白质中如果包含了所有的必需氨基酸，这种蛋白质叫作全蛋白。牛奶中的蛋白质便是全蛋白。

牛的饮水量取决于干物质的进食量和日粮组成、环境温度、钠的进食量、水质和牛的生理状况等。产奶牛每采食1千克日粮干物质，需水3.5~5.5千克。1头牛如果每天采食20千克干物质，则需水量70~100千克。犊牛出生后最初21天的饮水量为每天每头1.0~1.5千克，随固体饲料采食量的增加，饮水量也增加。

环境温度是影响奶牛饮水量非常重要的因素。夏季因奶牛降温的需要，饮水量可能是通常饮水量的2~3倍，而冬季的饮水量则明显减少。所以，夏季应供给奶牛充足的饮水。牛在冬天最好饮用温水，在夏天最好饮用10℃以下的凉水。

之所以夏季的牛奶感觉稀，是因为夏季牛的饮水量大，冬季牛的饮水量相对少的缘故。

3. 牛犊从出生到断奶的饲养管理要点有哪些？

刚出生的小牛犊饲养管理要倍加细心，以提高小牛犊的成活率，还要按时断奶，为牛成年后产奶打好基础。不要误以为给小牛多吃牛奶或代乳品，有利于小牛的生长发育，一定要让小牛吃上牛初乳。不要把牛初乳全部作为商品销售了。小牛吃的牛奶或代乳品温度要适宜。需要人工帮助小牛吃上牛奶或代乳品。

以液体食物为主要饲料的新生牛犊与成年牛不同，因为新生牛犊只有一个胃即真胃发挥功能。当小牛吃牛奶或代乳品时，食道沟闭合，使牛奶避开网胃和瘤胃直接进入真胃。但开始饲喂食物后，食道沟逐渐失去功能，瘤胃中的细菌群系开始建立，瘤胃壁开始发育，最终由于瘤胃中微生物群系的建立和生长，小牛犊便可使用并消化纤维性饲料，2~4月龄的小牛犊出现反刍现象即可断定其瘤胃已具有功能。随着小牛犊的生长，所需要的牛舍面积和饲喂空间显著增加。此外，许多管理措施（包括疫苗接种、寄生虫治疗、人工授精、体高和体重测量等）也需要额外空间，饲养较大育成奶牛的设施应符合它们的要求并便于饲养人员工作，较大育成奶牛的牛舍特点应便于饲喂和打扫卫生。因此，尽早地提供和饲喂固体食物，创造良好环境可加速新生牛犊瘤胃的发育和早断奶（5~8周龄）。

（1）瘤胃发育

直到瘤胃发挥正常功能并能维持小牛的营养所需时才可给小牛断奶。瘤胃发酵产生的最终产物（挥发性脂肪酸）是瘤胃发育的刺激剂。缺乏固体食物刺激的小牛瘤胃将不发育。由此可见，固体食物的摄入对瘤胃的发育是至关重要的。从小牛采食固体食物起，瘤胃中正常的细菌、原虫和真菌群系就自然建立起来，虽然瘤胃中有上百种微生物黏附在饲料颗粒上，但只有十几种微生物是主要类群。只有那些在厌氧环境下能够发酵碳水化合物的细菌（厌氧菌）才能在瘤胃中快速生长，碳水化合物发酵产生的最终产物（特别是乙酸和丁酸）是瘤胃发育的重要刺激物。尽早给小牛饲喂适口性好的小牛饲料（各类谷物混合饲料）对促进瘤胃快速发育和顺利通过断奶期是十分重要的。

（2）小牛饲喂干草和精饲料的时间

优质干草和精料的混合料对小牛瘤胃的正常发育是必需的。纤维或粗饲料有助于增加瘤胃容量和保持瘤胃皱褶的正常形状。相反，因为碳水化合物为小牛提供了瘤胃壁发育所必需的乙酸和丁酸，精饲料中的碳水化合物是极为重要的。

小牛饲料有两种类型：谷物性小牛饲料和全价小牛饲料。目前使用比较多的是饲料厂家提供的代乳料。全价小牛饲料比谷物性饲料含纤维成分高（即能量较少），但两种小牛饲料都可与成年牛的饲料（除尿素外）相配合，全价小牛饲料比谷物性小牛饲料适口性稍差，因而摄入量较低，断奶前饲喂小牛饲料不需另外补充粗饲料。当小牛每日摄入1.5~2.0千克小牛饲料时(3个月大),可改喂较便宜的精饲料混合物。

(3)小牛断奶

大多数小牛犊可在5~8周龄断奶。具体断奶的时间应在小牛生长良好并至少摄入相当于其体重1%的谷物性小牛饲料(小型牛500~600克,大型牛700~800克)时,较小或体弱的小牛应继续饲喂牛奶,在断奶前1周每天仅喂一次牛奶,大多数小牛可在5~8周龄断奶,饲喂谷物性小牛饲料的小牛可能会比饲喂全价小牛饲料的小牛早断奶几周。4周前断奶有较大危险并可导致高死亡率。8周后断奶会增加成本,原因是:

断奶后小牛的饲料(精粗比)比牛奶或代乳品便宜;

仅喂液体食物会限制小牛的生长,小牛断奶后如能较好地过渡到吃固体饲料(小牛饲料和粗饲料),体重会明显增加。

如上所述,在小牛断奶前先饲喂小牛饲料然后再补给粗饲料对于小牛的营养需求和瘤胃发育会更好。应在小牛断奶后饲喂优质干草或青贮饲料,饲料配方中的成分应严格监控,特别是当饲料配方中含有玉米青贮时,断奶后随饲料摄入量增加,小牛的体重会增加较快而且能够上升到长期理想水平。

4.秋季奶牛饲养管理应注意哪些问题?

奶牛养殖,除做好定期免疫外,必须抓好日常生产管理,日常管理做得好,疾病就会减少,牛群状况良好,奶牛产奶量高,经济效益就会好。

深秋时节,气温大幅度下降、气候干燥,如果饲养管理不当,加之青绿饲料匮乏,极易导致奶牛产奶量下降,甚至影响奶牛的正常生长发育。所以在奶牛饲养的过程中,要做好温度控制、饲料营养、疾病防治方面相应的工作,奶牛就能减少许多季节性疾病和症状。

(1)温度很关键

虽然奶牛具有耐寒不耐热的习性,但寒冷要有一定限度,一般奶牛最适宜的温度为12~14℃,怀孕奶牛与泌乳奶牛最适宜的温度为16~20℃;若泌乳奶牛舍温度高于24℃或低于-4℃，则产奶量减少。所以，奶牛在秋季饲养的时候要注意温度的变化，及时做好应对措施。

（2）要做好饲料营养的调整

要喂高质量饲草，多喂一些精饲料或者高脂肪物质来提高日粮的能量，可用豆类或动物脂肪。提高全价日粮中的蛋白质含量；粗纤维含量不要过多，特别是青贮饲料。

（3）秋配工作也非常重要

母牛秋季发情配种的旺季在9~10月。奶牛达到配种期，应具有中等膘情的体况，过肥或过瘦都不利于配种。因此，过肥的牛应该减少精料的供应量，调整配方；而对过瘦的牛则要采用配合饲料补饲，另外，适时配种也是决定配种成败的重要因素。

（4）疾病防治和环境卫生同样忽视不得

要定期对牛舍进行消毒，可减少奶牛发病。牛流行性感冒一年四季均发，以天气骤变的早春、晚秋和寒冷的季节多见，所以，此病是普遍的、需防范的疾病之一。

5. 小牛出生后几天可以喂饲料？

小牛出生后4天即可喂给小牛饲料。尽早地提供和饲喂固体食物可促进小牛瘤胃的发育和早断奶。

小牛最好喂给谷物性饲料。早期研究认为纤维或粗饲料有助于增加瘤胃容量和保持瘤胃皱褶的正常形状，优质干草和精料的混合料对瘤胃的正常发育是必需的。研究表明：如果饲喂含有足够纤维成分的小牛饲料，和直接饲喂干草一样并无优点，所以喂给小牛谷物性饲料更有利于瘤胃的发育，谷物中的碳水化合物发酵产生的挥发性脂肪酸（特别是乙酸和丁酸）是瘤胃发育所必需的。因此，高淀粉饲料的摄入比粗饲料对瘤胃发育更重要。通常小牛饲料中的谷物成分是经过碾压粗加工形成的粗糙颗粒。碾磨过细的饲料不适合饲喂小牛，通常可在小牛饲料中加入5%的糖浆以改进适口性。从小牛采食固体食物起，瘤胃中正常的细菌、原虫和真菌群系就自然建立起来。随着瘤胃中微生物群系的建立和生长，小牛便可利用并消化纤维性饲料。2~4月龄的小牛犊出现反刍现象即可断定其瘤胃已具有功能。

6.饲喂小牛时应当注意哪些问题?

(1)小牛饲料中应掺入糖浆或其他适口性好的营养成分。

(2)应少量多次喂给小牛饲料以保持饲料新鲜。

(3)应限制小牛喝牛奶，每天喝牛奶的量最多不超过其出生时体重的10%。

(4)应在饲喂小牛饲料时提供新鲜清洁的水。

7.犊牛为什么一定要吃上初乳?

初生犊牛因其各种组织器官均未充分发育，皮肤保护机能和神经调节机能都不健全，适应外界环境能力弱，对不良外界环境的抵抗力差，更容易受细菌、病毒侵袭，引起各种疾病。为保证犊牛健康，犊牛出生后1小时内，及时喂给第1次优质初乳(如母牛有乳腺炎或头胎牛，可以用相应产犊的经产牛替代)。

初乳中含有大量抗体免疫球蛋白，因为母体血液中免疫球蛋白不能通过胎盘输送给胎儿，因此，初生犊牛是没有免疫力的。只有尽早地吃到初乳，让初乳中免疫球蛋白经肠道吸收进入血液，犊牛才具有免疫力，才能够增强抗病能力。

初乳的饲喂量：第一次初乳饲喂量不超过犊牛体重的5%，一般是1.5~2千克。间隔6~9小时后第二次饲喂初乳，24小时内能够喂足5千克初乳。初乳的饲喂天数为1~3天，第4天起可以饲喂常乳。

8. 干乳期的奶牛如何饲养才能保证下一个乳期产奶量高?

为了更好地使母牛在下一个泌乳期增加乳量,应让怀孕母牛在预产期前60天左右即停止挤乳,使其恢复体膘,积蓄营养。为防止母牛无胎无乳造成损失,应在干乳前进行一次验胎,在确定有胎后再进行干乳。干乳前几天少喂或停喂多汁青绿饲料,控制饮水,增喂粗饲料,必要时减喂精饲料,并打乱挤乳时间和次数,在最后一次把乳房中乳挤净后,在4个乳头内注入干乳油剂,并药浴后不再挤乳。但应注意乳房若有红、肿、热、痛等现象,则看情况进行第二次干乳或治疗后再干乳,当母牛乳房逐渐收缩完好,即视为已干好乳。

干乳牛的饲料喂量,应按饲养标准给予,日粮应以优质干草为主,并喂以适量青贮饲料、块根类、精饲料等,精、粗饲料比例为3∶7,粗蛋白质为11%~12%,粗纤维为20%左右。

9. 造成奶牛不发情、不孕的原因有哪些?

奶牛不发情是受多种原因影响,致使机体所呈现的一种临床综合反应。常见的有:子宫内膜炎、卵巢囊肿、不发情、屡配不孕、流产等,这都是影响奶牛繁殖率和经济效益的重要因素。生产实践证明,加强饲养管理和繁殖管理是防止不孕症的关键。其发生的原因大致分为以下几种因素:

(1)先天性不发情、不孕。幼稚病、生殖器官畸形、雌雄间性、异性孪生、种间杂交后代、近亲繁殖。

(2)营养性不孕。饲料中某些氨基酸缺乏,维生素、微量元素种类与量不足,平衡失调,饲料量不足。

(3)饲养管理性不孕。运动不足,哺乳期过长,挤奶过度,畜舍卫生不良。

(4)繁殖技术性不孕。发情鉴定问题,已发情但未发觉,造成漏配;没有适时配种,漏配;经过配种,但技术不良,配种不过关未孕;精液品质不良，精液处理不当造成精子死亡；不及时进行妊娠检查，查不准确，未发现不孕。

（5）气候水土性不孕。引进品种不适应环境气候变化，通常影响母牛卵泡发育。

（6）衰老性不孕。生殖器官萎缩，机能减退。

（7）疾病性不孕。配种接产，手术助产消毒不严，产后护理不当；流产、难产、胎衣不下及子宫脱落引起子宫、阴道感染，卵巢、输卵管等疾病，传染病和寄生虫病如布病、结核、阴道虫等病或其他器官病。

（8）机能紊乱。内分泌和神经调节机能紊乱。

10.造成母牛不孕的原因有哪些？

（1）异性孪生。母犊有91%~98%不能发育，此牛应淘汰。

（2）生殖器官畸形。子宫角畸形应予淘汰，子宫颈畸形应淘汰，阴道畸形应淘汰。

（3）饲养性不孕。饲养不当造成生殖功能衰退。

①饲养不足畜体瘦弱不孕：饲料不足母牛瘦弱、整个机体发育不良，应根据奶牛的体重、体况按饲养标准饲喂，可起到很好的预防作用。

②饲料单一或饲料营养价值不全：饲料中蛋白质、维生素、矿物质或者饲料中某一营养物质缺乏，即使家畜膘情好也会造成不孕，因此必须选择营养平衡的优质饲料。

③饲喂发霉变质有害饲料：发霉变质饲料尤其是饼类，含有黄曲霉等毒素，棉区大量饲喂棉籽饼，并且维生素A缺乏。

④能量过量：能量过量，母牛过肥造成卵巢脂肪浸润或脂肪变性，加之内分泌功能失调。应供给奶牛充分的可消化蛋白、维生素、矿物质，对过肥的母牛应增加运动，限制精料饲喂量。

（4）管理利用性不孕。多发生于高产奶牛或过度挤奶的牛，而且由于泌乳过多营养物质大量随乳排出，造成生殖系统营养不足。

（5）繁殖技术性不孕。可通过提高授精员的技术，采用优质精液，加强输精过程的卫生管理等措施。

(6)疾病性不孕。应请专业兽医,对症下药。

(7)子宫内膜炎。多发生于产后胎衣不下腐烂、配种不卫生和布氏杆菌病等,虽然有时发情正常但配种后难以受胎,因布氏杆菌引起的子宫内膜炎的牛应淘汰。

(8)卵泡发育不良。由于疾病或过度挤奶,使牛体瘦弱,卵泡不发育,或由于饲料搭配不合理,缺乏维生素A或E,影响卵泡成熟。

(9)卵巢囊肿。分卵泡囊肿和黄体囊肿。卵泡囊肿多,因过量饲喂蛋白性饲料或饲料中长期缺硒引起,有慕雄症状;黄体囊肿表现为长期不发情。

11.造成母牛饲养性不孕的原因有哪些?

(1)母牛产后过早地添加精料,会使乳房及消化道产生兴奋,减少子宫的血液供应,影响子宫的复原,延缓母牛的发情和配种时间,从而导致母牛难以受孕。

(2)饲料中蛋白质含量过高,牛食后体内就会产生过多的磷酸,从而引起维生素A和Ca的缺乏。母牛体内过多的酸性物质会引起母牛失去生殖能力,造成消化不良等疾病,从而引起母牛体质下降,影响母牛的发情、配种和产奶量。饲料中蛋白质供应不足时,母畜就会动用体内储备的蛋白质,使体内的氮出现负平衡,造成内分泌系统的紊乱,母牛就难以发情和受孕。

(3)奶牛维生素缺乏,也可导致生殖障碍。缺乏维生素A时,可使子宫及卵泡上皮变性,不发情不排卵;缺乏维生素B时,使发情周期失调;缺乏维生素D,影响钙盐的代谢,间接地引起母牛不孕;缺乏维生素E时,可引起生殖器官和机能方面的变化,导致不孕。矿物质缺乏也能引起不孕。饲料长期缺乏矿物质,致使母牛性周期被破坏,导致母牛不发情或安静发情。

(4)配种技术不良也可能引起不孕。主要原因是人工授精者的技术不良,对奶牛发情表现、发情鉴定掌握不准确,精液处理和输精技术不当,输精器材不注重消毒等造成奶牛漏配或不孕。

(5)管理不善。各种因素对奶牛的应激,包括饲喂方式方法的随意改变,高温高湿,低温冷应激,噪声污染,牛舍卫生环境差,饮水不足,缺少运动,环境消毒不严等都直接影响奶牛的生产和繁殖性能,导致母牛不孕。

12. 造成母牛不孕的疾病有哪些?

生殖疾病、产科疾病的及时正确诊断和防治是防止奶牛不孕的主要手段。许多产科疾病若不及时治疗或处理不当,会导致奶牛不孕。一般常见的造成不孕的疾病有以下几种:

(1)子宫内膜炎

大部分为葡萄球菌、链球菌及大肠杆菌所引起。由于输精时消毒不严格,分娩助产时消毒不严或操作不慎,将微生物带入子宫引起感染,胎盘滞留及胎衣排出不完全也可诱发子宫内膜炎,症状分脓性、卡他性、慢性等类型。

治疗方案:用子宫化瘀散或者子宫净化散进行治疗,7天为一疗程,一般1~2个疗程可消除炎症。

(2)卵巢炎及输卵管炎

卵巢炎是由卵损伤或感染引起发情周期紊乱而不孕,直检时,卵巢体积肿大柔软,表面光滑,触之有痛感,炎症转慢性时体积变小,质地变硬,表面高低不平。输卵管炎由于结缔组织增生,管壁变厚,触诊如绳索状。

治疗方案:对病牛全身大剂量应用抗生素或磺胺类药物进行治疗,用青霉素、链霉素加生理盐水200毫升进行子宫灌注,每日1次,连用4~5次。对于多次治疗效果不佳的,奶牛卵巢实质可能变性萎缩,建议及时淘汰。

13. 如何治疗奶牛不发情?

首先要改进饲养管理,其次合理激素治疗。目前很多养殖场反映使用激素，打不出发情，即使打出发情，配一次也不一定受胎，受胎率很低，大多数牛初检空怀。

要想正常发情、受胎，必须满足生殖系统下丘脑-垂体-性腺，包括子宫及神经，内分泌系统任何一个环节不能发生障碍，假如哪一个环节发生障碍均易敏感地反映到卵巢功能。临床上往往出现：卵巢静止、持久黄体、囊肿、萎缩、排卵障碍、不发情等。临床诊断不明确、激素使用不对路，造成了治疗时间长，而且易引起发情期受胎率低，导致牛自身内分泌紊乱。应合理使用激素，进行激素分类。

（1）激素分类

①来自性腺（卵巢）的性腺激素：雌激素和孕激素。

②来自垂体前叶的促性腺激素：FSH、LH、HCG、PMSG。

③来自丘脑下部的促性腺释放激素：LH-RHgnrh（生源）。

④局部激素：PG。

（2）激素主要作用靶器官

①性腺激素：主要作用下丘脑和刺激垂体前叶。

②促性腺激素：主要作用卵巢。

③促性腺释放激素：作用垂体前叶。

④局部激素：作用生殖道各种器官和组织。

知道了这种原理，当性腺功能减退，用性激素治疗；垂体前叶功能不足，用促性腺激素治疗；下丘脑激素紊乱，用促性腺释放激素治疗。

（3）临床上常见不发情卵巢机能障碍的激素应用。

14.奶牛卵巢静止怎样治疗？

有很多同仁提出了不同观点，有的讲用雌二醇；有的讲用黄体酮-HCG-FSH-LRHA3。诊断卵巢静止标准是：卵巢质地柔软，形状大小正常，表面光滑。引起卵巢静止的原因是：垂体FSH分泌不足，应当用促性腺激素治疗，FSH或加少量LH，但剂量一定要控制好。

如果用雌激素，雌激素作用下丘脑，用下丘脑来调节垂体正负反馈作用,药当然没有用错,但绕了一个弯路。

如果用黄体酮,少量孕酮能协同雌激素共同调节下丘脑、垂体正、负反馈作用,但大剂量孕酮可能对下丘脑和垂体前叶有副作用,抑制垂体促性腺激素的释放,特别是抑制FSH释放,大剂量有反作用。

HCG主要类似于LH,也有少量FSH作用,配合其他激素治疗卵巢发育不全、卵巢萎缩、卵巢硬化,效果比较好,单独使用效果不明显,治疗卵巢静止并不理想。

LH-RH,不仅能促进垂体分泌性腺激素,还能促其合成,故理论上可应用LH-RH治疗垂体不足引起卵巢各种疾病,但实际使用当中,不及其他促性腺激素(LH-RH仅对完全成熟的卵泡起促排卵作用)。

15.奶牛用药应注意哪些事项?

一般情况下,奶牛患病如果不是很严重,不要使用抗生素。如果非用抗生素不可,最好采用注射方式,不要口服。牛是多胃动物,口服给药时,抗生素会把奶牛瘤胃的部分有益微生物杀死,从而造成奶牛瘤胃中微生物群落失衡。小犊牛在瘤胃微生物群落还未建立起来之前,为了防病促生长,可以适量饲喂一些抗生素,但长到7~8个月时就不要再喂。

另外,给奶牛注射抗生素的次数也要尽量少。因为奶牛性情胆小,非常敏感,注射时的刺激会对奶牛产奶量产生影响。接种疫苗也会影响奶牛产奶量,尤其是在炎热的夏天,所以,要尽量采用联苗。如果奶牛病得不重,最好等到停产后再进行治疗,以免影响产奶量。

16.如何饲养围产期的奶牛?

母牛的产前、产后各15天称围产期。这一时期的饲养对母牛健康和产乳量有很大的关系。精饲料可在产前15天起每天逐渐增加,但最大量不宜超过体重的1%,干草喂量应占体重的0.5%以上,日粮中精、粗饲料比例为4∶6,粗蛋白质为13,粗纤维为20%左右。钙的喂量应是产前低钙,产后高钙。

母牛产后15天内应以恢复体膘为主，喂给易消化、适口性好的饲料，精饲料视食欲、消化、恶露、乳房等情况逐渐增加，控制青贮饲料、青绿饲料、块根类、糟渣等的喂量，而干草任其自由采食，防止母牛急剧消瘦。

母牛分娩后1~2小时，第一次挤乳不宜挤得过多，只要够犊牛吃就可以了，以后每次挤乳量逐步增加，到第3天后才可挤净乳房中的乳。否则，可能造成母牛因一时性的血钙降低而发生产后瘫痪，尤其是高产个体，更应注意。

17. 夏季高温季节奶牛养殖应该注意哪些问题?

夏季温度高，天气炎热，奶牛极易产生热应激。为减轻高温对奶牛造成的不利影响，除了从奶牛场建设、饲养管理、疾病防治上采取相应的措施外，还必须进行必要的饲喂调控，以确保奶牛饲养安全和饲养效益。

(1)饲喂青绿多汁饲料

青绿多汁饲料富含碳水化合物和水分，不但适口性好，而且能解渴，对防暑降温和缓解奶牛热应激十分有利。在保证食入足量干物质的前提下，适量喂些优质青草、胡萝卜、冬瓜、西瓜、马铃薯等对提高奶牛产奶量和牛奶乳脂率有好处。精饲料可多喂一些麸皮、豆粕等适口性好的饲料。

(2)饲喂稀粥料

将奶牛的部分精料改为粥料。用精饲料1.5千克、胡萝卜1.5~2.5千克，加水煮成粥状，放凉后浇在青贮饲料上饲喂，可加大奶牛排尿量，带走牛体更多的热量。

(3)饲喂绿豆汤

绿豆汤具有清热解毒、防暑降温的作用。有条件的养殖场(户)夏季应该给奶牛饮绿豆汤。用新鲜绿豆1~1.5千克，加水4~5千克，煮沸1~2小时，加入清洁饮水中，每天饮服一次。

(4)补充氯化钾

奶牛发生热应激时，钾的排出量明显增加，造成血液中钾的含量降低，必须补充钾。一般可在奶牛饮水中或在日粮中添加氯化钾,添加量为每天每头奶牛60~80克。

(5)补充碳酸氢钠

补充碳酸氢钠有利于维持奶牛体内的酸碱平衡,还具有助消化的作用,可以提高奶牛的采食量。碳酸氢钠的用量一般占精料的3.84%,或者每天每头奶牛用340克。与柠檬酸同时使用,效果更好。要注意的是,使用碳酸氢钠时应适当降低食盐的用量。

(6)补充维生素C

奶牛产生热应激,维生素C合成能力下降,而需要量却增加。因此,炎热夏季应注意给奶牛补充维生素C。在热应激过程中,维生素C还可以抑制奶牛体温上升,促进食欲,提高抗病力。夏季一般可在奶牛饲料中添加0.04%~0.06%的维生素C。

(7)补充维生素E

维生素E可防止奶牛体内脂肪氧化和被破坏,阻止体内氧化物的生成,还可防止其他维生素被氧化,促进维生素A和维生素D在肠道的吸收。夏季可在饲料中添加正常量3~5倍的维生素E,以降低奶牛发生热应激概率。

18.怎样做好不同年龄段育肥牛的饲养管理?

(1)犊牛(3~6月龄)的育肥

此阶段为犊牛刚断奶,瘤胃内微生物尚未发育完全,纤毛虫数量较少,应特别注意其营养补给,加强饲养管理。首先对入舍犊牛进行编号登记,做好生产记录。

每天供给以苜蓿等优质青干草或优质青绿饲料为主的粗饲料,头均喂量2~3千克,自由采食,少给勤添,控制氨化麦草饲喂量,头均日饲喂量0.5千克,粗饲料饲喂比例为氨化麦草、青干草和玉米青贮1:2:1,头均日喂精料1.5~2千克,分三次喂给,每天饮水3~4次。

犊牛饲料配方:小麦麸20%、次粉10%、豆粕8%、胡麻饼10%、炒大麦

50%、磷酸钙1%、食盐1%。

(2)幼龄牛(6~12月龄)的育肥

此阶段牛的瘤胃微生物区系发育基本健全,对粗饲料的利用率较高,是骨骼发育的主要阶段,应供给苜蓿等优质青绿饲料或优质青干草,搭配氨化麦草、青贮玉米秸秆等粗饲料。

饲喂比例为:氨化麦草、玉米青贮和秸秆2:1:1,实行限量饲喂,头均日喂粗饲料4~6千克,精饲料2.5~3千克,日喂2次,间隔12小时,日饮水2~3次。此外,对所有入舍牛进行分组编号,做好生产记录。驱治体内外寄生虫,灌服健胃散、人工盐2~3次,每月称重一次。精饲料配方:玉米42%、麸皮30%、豆粕12%、胡麻饼15%、食盐1%。

(3)架子牛(12~18月龄)的育肥

此阶段牛生长发育较快,需要供给一定量的蛋白质、矿物质和维生素饲料,以粗为主,以精为辅。

粗饲料以苜蓿、毛苕子等优质青干草或青绿饲料最好,氨化麦草和青贮玉米亦可。精饲料按营养标准合理配合。期间实行限量饲喂,每天头均日喂精饲料3~3.5千克,粗饲料7~8千克,其比例为氨化麦草、玉米青贮和青干草2:2:1。日饲喂2次,间隔12小时,日饮水2~3次,每月称重一次。精饲料配方:玉米50%、麸皮30%、胡麻饼18%、食盐2%。

(4)催肥阶段的饲养

此阶段为3~4个月,期间平均每天饲喂精料3.5~4千克,粗饲料9~10千克,其比例为氨化麦草、玉米青贮、青干草2:2:1。日喂2次,间隔12小时,饮水2~3次,先喂草拌料,再喂青贮。精饲料配方:玉米60%、麸皮18%、胡麻饼18%、食盐2%、添加剂2%。

19. 母牛发情后期为什么会出现生殖道流血?

从生理的角度讲,当母牛一个发情期结束后,由于母牛血液中有一种叫雌二醇物质的含量急剧下降,于是母牛的子宫黏膜,特别是子宫阜之间的黏膜上皮中的微血管出现瘀血,血管壁变脆而破裂,血液流入子宫腔,进入子宫颈、阴道，当血液量多时，就会从阴门排出体外，当血液量少时一般不会被发现。育成牛排血现象一般可达80%~90%，经产母牛一般可出现50%~60%。生产实践中，随着母牛年龄的增长，排血现象会逐步消失，排血量会逐步减少。母牛的排血现象可出现在发情结束后的1~4天，多数集中在第2天。血液排出时间一般都持续1~3天，多数在第2天消失。每头母牛的排血量会因体格、年龄、品种不同而不同，一般都在20~30毫升。母牛发情期的排血颜色一般为鲜红正常，出现此类情况属于母牛的正常生理现象，无需治疗。当排血量明显较多，持续时间较长，而且排出的血颜色呈暗红色或紫色时，应当考虑疾病的因素，也许母牛已经患上了子宫内膜炎，应该及早对症治疗。

实践证明，母牛输精后出现排血并不影响受胎。但是，一旦出现有生殖道排血现象，大多表明已经排卵，如果此时才开始输精，则不易受胎。同时，在排血期输精，血液也会对精子产生凝集作用，影响精子的活力和运动，降低受胎。所以应当赶在母牛排血前配种，受胎率会更高。

20.怎样合理饲喂肉牛？

在生产实践中，由于牛的消化道结构、生理特征和消化特征不同于其他家畜，所以在日常的饲草料饲喂顺序和饮水方面，如果能够做到合理安排、科学搭配，不仅有利于提高饲料的利用率，而且有利于加快肉牛的育肥速度，提高肉牛养殖的经济效益。实践和研究证明，冬季在肉牛育肥过程中按照以下顺序安排饲草料饲喂和饮水时间较为合理。

（1）清晨要先给牛群饲喂秸秆类优质干草，利用牛处在空腹阶段的饥饿感，让其采食一定量的干草，以解决好吃饱的问题。

（2）上午10:00左右开始饲喂青贮草，以满足育肥牛对营养的需要。

（3）中午12:00到13:00之间安排饮水（夏季可以适当调整饮水时间，增加饮水频次），以满足牛对水的需要。

（4）下午16:00到17:00之间安排饲喂精饲料，以适当延长精饲料的消化时间，提高精饲料的消化率。

(5)下午喂完精料之后将槽内的剩余饲草清理完毕,在天黑之前可以适当再给牛群添加一定量的优质干草,以满足有采食意向的个体的需要。

总而言之,养殖户和养殖场要根据季节变换、气候变化、饲草料条件,按照上述基本原则灵活掌握,只要做到随时、随势而及时调整和合理安排,就一定能够取得理想的效益和满意的效果。

21.泌乳期奶牛饲养管理应注意哪些问题?

母牛产下牛犊之后的时期称为产奶期或泌乳期。此时做好饲养管理工作,对提高母牛产奶量有重大意义。

管理上需要注意四个方面:

(1)分群饲养

根据奶牛场实际情况,对不同产奶水平、不同年龄段的奶牛进行分群饲养。不同营养水平的奶牛对饲料要求也不同,分群饲养能够更大限度提高母牛的产奶性能。

(2)运动

适量运动对母牛的消化、增强体质、促进产乳量都有帮助。如果奶牛缺乏运动,体质容易肥胖,会降低泌乳性能与繁殖能力,同时肢蹄长期不运动也容易发生疾病。因此,除了挤奶时间外,其他时间应让母牛在运动场上进行自由运动。

(3)保持牛体、牛舍卫生良好

每天对牛体进行一次刷拭,刷拭应在奶牛进食和挤奶时间之外进行,防止灰尘、毛发等杂物掺入饲料和牛奶中。清洁干燥的牛舍对奶牛健康至关重要。

(4)保证奶牛饮水充足

舍内应安装自动饮水器,在运动场中也应建造饮水池,保证母牛能够及时饮用充足干净的水。

饲养方面需要根据不同的产奶阶段饲喂不同营养水平的日粮:

(1)产奶前期

奶牛产犊后的两周称为产奶前期,在产奶前期,由于母牛刚产完牛犊,体质比较虚弱,消化功能有所减退,产道尚未复原,乳房还存在水肿的情况。因此,产奶前期应以母牛恢复健康为主,不宜过早对母牛进行催奶,防止大量挤奶对母牛健康带来不利影响,预防产后疾病发生。

(2)产奶旺盛期

母牛产犊后的16~100天被称为产奶旺盛期。此时是整个产奶期的黄金时期,产奶量在全产奶期中大约占到了40%。饲养管理会影响到母牛的产奶性能和整个产奶期的产量。这一阶段要限制饲喂低能量的饲料,补充高蛋白、高能量的饲料。日粮干物质中应含有16%~18%的粗蛋白、0.7%的钙、0.45%的磷,精料与粗料各占一半比例。如果饲料中精料过多,会造成母牛瘤胃pH值偏低,胃酸过多,对母牛造成不利影响。为平衡pH,在饲料中应添加碳酸氢钠和氧化镁缓冲剂。

(3)产奶中期

母牛产犊后101~200天被称为产奶中期。此时母牛的泌乳量开始逐渐减少,奶牛的食欲也会变得更旺盛。在产奶中期,饲养任务主要是降低泌乳量的减少速度,一般应控制到每月降低6%~8%的速度。饲喂多样化、适应性好的饲料,并减少精料饲喂,增加母牛粗饲料食用量。

(4)产奶后期

产犊后201天到停止产奶被称为产奶后期。这一时期内的饲料饲喂应满足母牛的标准营养需求,对于体质消瘦、营养不良的母牛,要针对性地增加相应营养,使母牛体重尽快恢复,体力增强,身体状况达到中上等。另外,要防止奶牛体质过肥,引起一些其他疾病。

22.农户散养奶牛应注意哪些问题?

(1)提高奶牛的群体质量

尽量引进优良高产奶牛,同时淘汰低产奶牛。对已引进的奶牛一定要用良种高产奶牛的冻精颗粒配种;对系谱不清、乱交乱配、有严重生理缺陷的奶牛和患有生殖系统疾病而久治不愈、久配不孕的奶牛要及时淘汰。

(2)提高饲养管理水平

根据奶牛的消化、生理特点，合理调配奶牛的全价日粮，保证能量、蛋白质饲料和微量元素的供给。同时强化管理，严格执行对奶牛的规范化饲养和操作规程。

(3)控制适宜的环境温度

奶牛的配种受胎率除了与其饲养管理有关外，也与其直肠温度、子宫温度有关，还与奶牛发情日、配种日前后的气候条件有关。所以，做好夏季的防暑降温和冬季的保温防寒工作对提高奶牛的生产性能至关重要。

(4)掌握科学的挤奶方法

给奶牛挤奶前应排除暑热、寒冷、高湿、有害气体等不利因素，并使舍内悬浮的细菌数降至最少。奶牛从睡卧状态转为站立时往往不自觉地用蹄子踢擦乳头，当挤奶过度时乳头即会糜烂，容易造成乳头感染。因此，定时修蹄对提高奶牛的健康很重要。另外，细菌易通过挤奶员的手从一头奶牛传播给另一头奶牛，因此，挤奶员挤奶前要剪短指甲、洗净手指并充分消毒，最好能戴上橡皮手套。为了提高奶牛的产奶量，减少其隐性乳腺炎的发生，挤奶时应先挤掉奶牛最先排出的乳汁。一般情况下，连挤5下，即舍弃30毫升乳汁才能排除异常奶。青年奶牛患隐性乳腺炎的比例较小，所以挤奶时应先进行，然后再给患病率可能性较高的经产奶牛挤奶，最后给已有明显感染症状的奶牛挤奶，严防感染。为了杀灭挤奶结束时附着在奶牛乳头上的细菌，必须在挤奶结束后乳头口还处于开张状态时马上进行药浴消毒。因挤完奶后奶牛的乳头口关紧约需30分钟，所以在这段时间内喂料时应设法让奶牛一直站立，严防再次污染乳头。

23.肉牛饲料中的精料和粗料怎样搭配?

肉牛的营养日粮根据其生长规律，将整个生长过程分为两个时期，即生长期和肥育期，不同时期肉牛的营养日粮不同。

(1)生长期

肉牛生长期又分为两个阶段，即初生到6月龄和7月龄到12月龄。生长期由于营养水平高，各器官发育较快，应保证营养物质的充足供给，一般该期日粮粗蛋白质含量为14%~19%，总可消化养分为68%~70%，精饲料采食量控制在体重的1.2%~1.5%，粗饲料以青绿饲料或优质青干草为主，实行自由采食，日增重可达0.7~0.8千克。当肉牛体重超过200千克时，日粮能量由25.1兆焦/千克提高到46.0兆焦/千克，体重为100~275千克牛体内日沉积氮量从14克增加到43克，青贮玉米对于生长期阉牛而言是比较好的饲料。

(2)肥育期

肉牛肥育期分为肥育前期(13~18月龄)和肥育后期(18~24月龄)。肥育前期，限制饲养使肌肉最大限度生长，精料控制在体重的1.7%~1.8%，粗饲料自由采食，一般占总采食量的49%~57%，青贮料占日采食量的24%~28%，日增重达0.9~1.0千克。肥育后期，所有饲料均自由采食，特别应增加精料，此期精料采食量一般占体重的1.8%左右，精料中玉米比例可达70%以上。粗饲料采食量占日采食量的31.0%~34.6%，日增重0.7~0.8千克。

重点在线 ZHONGDIANZAIXIAN

第2部分

羊的养殖技术

1.进入秋季,养羊重点抓哪些方面?

主要抓好秋膘及配种,其次是防疫工作。

8~10月是母羊秋季发情配种旺季,母羊在秋配季节,养殖户应在尽量抓好母羊放牧和补料饲喂,增加母羊膘情的前提下,促进适龄母羊正常发情排卵。母羊在秋配季节饲养管理的好坏,将直接影响其发情排卵是否正常。在配种期到来之前,适龄母羊应具有中等膘情以上的种用体况。如母羊体况过肥,脂肪存积过多,往往会使母羊发情不正常,配上种的母羊容易出现怪胎、死胎,或导致母羊发生难产,羔羊初生体重轻,且生活力差;如母羊体况过瘦则往往容易造成母羊不发情,即使发情,也难以配上种,有些配上种的母羊所产羔羊其体质瘦弱,生活力下降,容易感染疾病。因此对过肥的母羊,在饲喂上应减少精料喂量,多喂青粗饲料,并适当增加母羊的放牧运动量,促进母羊正常发情排卵。夏末秋初,各种牧草生长茂盛,并且绝大部分牧草均结下了丰满的籽实,养殖户应尽量延长羊的放牧时间,让母羊多采食青草,母羊放牧回舍后,最好贮备适量牧草以备母羊夜间采食,同时对瘦弱母羊可用玉米50%、大麦20%、小麦20%、黄豆或蚕豆10%,经粉碎后,再添加相当于以上饲料总量8%~10%豆饼、5%糠麸、1%食盐、3%~

5%骨粉，每天分早晚两次给母羊补喂，每次每只母羊补喂100~200克，有利于瘦弱的母羊壮膘。

目前甘肃的羊饲养品种主要有湖羊和小尾寒羊。牧区饲养的主要是藏羊等。

湖羊的繁殖月份一般安排在春季4~5月配种，秋季9~10月产羔，一年二胎。但一部分羊也可适当调整繁殖季节，安排在9~11月配种，次年2~4月产羔，以实现"二年三胎"。但秋配春产的羊一般不宜留种。大多用于肉羊生产。

小尾寒羊配种月份的确定，应根据发情季节、计划产羔次数和产羔时间而定。若要1~2月产羔，就要8~9月配种；若要3~4月产羔，就要10~11月配种。每年8~9月配种、翌年1~2月所产的羔为冬羔，冬羔具有初生重大、生长发育快、成活率高和整齐度好等优点，所以，在有条件的地方，应尽量安排产冬羔。

防疫工作：防重于治，除定期的免疫外，要抓好羊舍及周围的消毒工作。

2. 羊引种需要注意些什么？

养羊投入少、成本低、风险小，可以充分利用当地农副产品和农作物秸秆，这是农民切实可行的一条致富之路。但在农户养羊过程中，由于对引种重视不够，出现了不少问题，甚至暴发传染病，导致羊死亡。因此，要特别做好羊引种方面的工作，避免造成不必要的经济损失。

引种前要先调查了解产地疫病情况，严禁从疫区引种，还要查看要引种场的营业执照、种畜禽生产经营许可证、动物防疫条件合格证，引进羊要"三证"（场地检疫证、运输检疫证和运输工具消毒证）齐全。引进羊经过运输，会因地区气候差异、饲养管理方式改变等出现不同程度应激反应，常常表现为感冒、肺炎、口疮、腹泻、流产等。

选羊时，除注意日龄外，还应注意体型、毛色及面部皮肤，防止引入病羊。若引进怀孕母羊，因存在长途运输，不能选已怀孕3月以上的羊，以免长途运输流产而造成不必要的损失。

羊选定后，要组织专用车辆运输且安排有经验人员随同。羊运输前，不能喂太饱，运输时要分层分区间装羊，一般卡车可以装3层，以免踩踏。运输时车底要铺些干草，既可防滑，又可补饲。羊装车后，尽量最短时间运输到目的地。

卸羊时，抓羊最好从羊背部，不要用羊腿拉羊，避免把羊腿折断。羊到圈后，2小时后喂草，草要打湿，但不能水太多，喂草半小时后饮水，然后多观察每只羊，对异常羊要有针对性地治疗，如羊腿受伤，应打青霉素和安痛定，并饲喂维生素B。

3.如何饲养怀孕母羊?

(1)分群饲养

妊娠母羊应与羔羊、公羊、育肥羊分开，单独饲养，这样可有针对性地对胎儿不同发育时期采取不同饲养管理方法，以保证胎儿正常发育。尤其是妊娠后期的母羊更应单独饲养。

(2)加强营养

为了让母羊增膘保胎，妊娠期的母羊应供给质量好易消化的饲草，对个别体质瘦弱的母羊，要补给足够的精料。母羊在怀孕后期的2个月中，胎儿生长很快，羔羊90%的出生重量是在怀孕后期形成的。怀孕第四个月，胎儿平均日增重达到40~50克，怀孕第五个月达120~150克，并且骨骼已经矿物化(大量的钙和磷沉积)。母羊妊娠后期，对营养物质的需要量增加得比较快，怀孕的最后2个月，母羊对营养物质的需要增加了40%~60%，对钙和磷的需要增加了1~2倍，仅靠放牧一般难以满足母羊的营养需要，必须加强补饲，将优质干草和精料放在此时补饲，要注意蛋白质、钙、磷的补充。能量水平不宜过高，不要把母羊养得过肥。尤其要注意的是妊娠母羊严格禁止喂食霉烂变质饲草料。

(3)适当增加运动

合理的运动可以增强母羊抵抗力，有利于保胎；同时，适当的运动也为将来胎儿顺利分娩，保证母子平安打下基础。

(4)预防疾病

妊娠母羊患病易引起流产，因此在母羊空怀期要搞好疾病防治工作，如注射疫苗和驱虫。妊娠期间要注意定期消毒圈舍，同时冬天要防寒、夏天要防暑，防止拥挤和饲喂有毒、霉变饲草料等，杜绝疾病发生的诱因。

(5)要注意保胎

出牧、归牧、饮水、补饲都要慢而稳，防止拥挤、滑跌，严防跳崖、爬沟，最好在较平坦的牧场上放牧，羊舍要保持温暖、干燥、通风良好。对于可能产双羔的母羊及初配母羊，更要加强饲养管理。

4.农户养羊过程中存在哪些问题?

近年来，甘肃省养羊业发展较快，但由于很多散养户不懂得科学养殖，有时候会因饲养不当造成经济损失。目前农户在养羊过程中存在着一些普遍性的问题。

(1)图省事

许多养羊户图省事，把秸秆直接扔进羊圈让羊采食，不用铡刀切，也不添加精饲料或矿物质添加剂等。这样做不仅浪费饲料，而且不利于羊的生长发育。

(2)过量饲喂精饲料

有的养羊户为了让羊生长快，过分给羊饲喂精饲料，非但没有达到快速促进生长和育肥的目的，反而还造成羊瘤胃臌胀。精饲料虽好，适当搭配饲喂才有效。

(3)突然改变饲料

有的养羊户饲养缺乏计划，一种饲料喂完后突然更换另一种饲料，结果造成羊肠胃不适，严重影响生产性能和饲养效益。

(4)公、母羊同群饲养

公羊达到性成熟以后，必须与母羊分群饲养。公、母羊同群饲养，不仅会影响种公羊的配种性能，而且会造成近亲交配。

(5)羔羊断奶过早

断奶过早,不仅影响羔羊的生长发育,而且会因羔羊体质差、抗病力低而导致死亡。

(6)近亲交配

在羊的繁殖问题上,很多人图方便,不注意选用种公羊,随便配种,结果造成近交,导致品种退化。

(7)圈舍消毒不严。

(8)不注意防疫

相当一部分养羊户认为羊不易生病,不用预防免疫,给羊驱虫是白花钱。

要避免上述问题的发生,应注意以下几点:

①选购羊时,注意从正规的生产场引进,简单的方法就是从具有种畜禽生产经营许可证的种羊场引进。

②饲料不要单一,注意精粗料搭配。营养要全面,更换饲料应逐渐过渡,让羊逐渐适应,以防止应激。

③注意疫病防治。防治结合,预防为主。

④注意圈舍消毒。羊圈潮湿、通风不良,不定期消毒,羊就容易患下痢、疥癣、腐蹄病等,同时很容易诱发传染病。

5.影响羊健康的因素有哪些?

(1)饲养管理不当

包括饲养方法和营养搭配不当,如密度过大,通风不好,断水。饲料营养搭配不合理,缺乏维生素、微量元素、蛋白质、脂肪、糖等也会引起相应的缺乏症,反之营养过剩,微量元素过量,可以引起中毒等一系列的反应。饲喂不均匀,饥一顿饱一顿,饮用冰碴水和污水等,都是导致羊生病的诱因。另外,羊受到惊吓、追赶、长途运输等也是诱发羊群生病的原因,也就是常说的应激。

(2)生活环境

羊的生活环境温度、湿度过高，会引起羊中暑；高湿度环境易得皮肤病，低温易感冒，患风湿病；地势低洼，潮湿易患腐蹄病；长时间在低洼处放牧，会引起寄生虫病，而圈舍的空气污浊，氨气过大，会引起羊的呼吸道病、眼病的发生。羊是喜干燥厌潮湿的动物，较其他动物比较爱干净，羊的生活环境脏污，往往是寄生虫喜欢的环境，就会给羊带来很多寄生虫病。

(3)病原微生物和寄生虫病

细菌、病毒、支原体、螺旋体、真菌和各种寄生虫都可以感染羊，引起羊病的流行，如我们最常见的羊痘、口蹄疫、梭菌病、弓形体病、吸虫病等都会给养羊业带来巨大损失，甚至对一个养殖场造成毁灭性的打击。

6.羊日常饲养管理中应注意哪些问题?

(1)给羊提供充足的均衡的营养，定时饲喂。

(2)给羊提供充足的清洁的饮水，冬天不要让羊饮冰冻水。

(3)给羊提供舒适卫生的生活环境，夏天防暑，冬天防冻。

(4)注重圈舍消毒，预防寄生虫病和控制传染病。

7.给羊日常饮水应注意哪些问题?

(1)不能缺水

短时间缺水，会使羊的食欲降低，生产力下降；长时间缺水，则会引起羊瘤胃发酵困难，消化不良，发生食滞或百叶干等病，若还不供给饮水，可致羊死亡。一般羊每吃1千克草料需水2~3升，应坚持每天让羊饮水2~3次，以满足其对水的需要。

(2)不能空腹饮凉水

早晨羊空腹时饮凉水，会使体温骤降，容易感冒、发烧、肚子疼。应在喂草料或放牧后再让羊饮水。

(3)不要抢喝暴饮

羊恋群性很强,只要头羊一开始喝水,其他羊就会紧跟着抢喝暴饮,这种情况应严加制止。方法是在水槽里撒几把麸皮或米糠。如羊饮河水,人应站在羊群前头,看住羊,防止其抢喝暴饮。

(4)饮水后适量运动

放牧羊饮水后不宜停留不动或原圈休息,应再继续放牧,以增加肌体产生热量,减少应激。舍饲羊应先喂草料后饮水,再喂干草,以增加热量。

(5)忌饮死水

死水中常有寄生虫卵,羊饮死水会感染寄生虫病。所以,要禁止让羊饮死水。

(6)忌饮地沟水

从农田里流出来的地沟水中常含农药或化肥,容易引起羊中毒,不宜用来饮羊或调制饲料。也不要让羊饮发苦的井水,更不要饮用浸泡野草、野菜的池塘水(可能含有大量的硝酸盐),以避免羊中毒。

(7)忌饮污染水

不要让羊饮用工厂排出的污水,以防止羊中毒。

8. 羊放牧的时候需要注意哪些问题?

(1)防止"跑青"。民间有"放羊拦住头,放得满肚油;放羊不拦头,跑成瘦马猴"的说法。同时还要防止食用毒草中毒。

(2)防止瘤胃臌气。在豆科牧草比例较大的牧场,羊采食过多的豆科牧草,尤其是在牧草较潮湿的情况下,往往会造成瘤胃臌气。在出牧前,可先补饲一定量的干草或精料,适量饮水,以防羊在放牧时抢食大量豆科牧草引起瘤胃胀气。如果发生臌气现象要及时处理。

(3)防止羊贪青而发生下痢,避免吃露水草。

(4)注意预防寄生虫。要注意驱虫,羊圈要勤垫勤打扫,保持卫生。

(5)顶风放顺风归。归牧时羊走累了,为避免消耗体力,所以要顺风归。

(6)防蚊蝇叮咬。

9. 冬季怎样防止绵羊脱毛?

冬季气候寒冷,饲料干枯,绵羊往往吃不饱,造成严重的营养缺乏,出现“饥饿毛”,毛根细,不结实,易脱落,严重时在羊脖子、肩、上腹部、背部成块脱落,这是所谓的营养性脱毛。为了防止这种掉毛:

(1)入冬后,除对绵羊放牧外,补饲一定数量的草和料,增加营养。尤其是保证给足干草,精料只能用来作为营养的补充,如果有青贮饲草或其他青粗饲草料更好。

(2)冬季要适当增大饮水量,以便使羊健康过冬。冬季绵羊饲料往往以干草为主,对水的需要量便更迫切,若缺水,会影响干饲料的湿润,要避免饮冷水,尤其不能饮冰碴水,饮水每日不要少于2次,以3次为好。

(3)补充一点食盐。一般情况下,每只羊每天应补10克食盐。

10. 提高绵羊繁殖力的具体措施有哪些?

提高繁殖力是发展畜牧业生产的关键环节,畜牧业生产的发展速度如何,取决于繁殖力的高低,根据长期的畜牧业生产经验,提高绵羊繁殖力的具体措施概括起来有以下几个方面:

(1)要选留高产种公羊和种母羊,保持品种优良。

(2)要提高适龄母羊在羊群中的比例,达到50%。

(3)淘汰不怀孕、不产羔、生殖道有残疾的羊。

(4)改善和加强饲养条件,做到“羊满膘、多产羔”。

(5)合理安排繁殖周期,适时配种,坚持复配,达到全配全怀。

(6)推广利用先进的繁殖技术,如人工授精、胚胎移植等。

(7)必须做好羊的疫病防治工作。

11.细毛羊、半细毛羊、粗毛羊如何区分?

细毛,凡羊毛纤维直径在25微米以下,品质支数60支以上,称细毛。

半细毛,凡羊毛纤维直径在25微米以上,品质支数在60支以下,称半细毛。

粗毛,凡羊毛纤维直径在40微米以上,品质支数44支以下,称粗毛。

12.小尾寒羊有哪些特点?

它具有繁殖力强、早熟、生长发育快、体格高大、产肉性能高、裘皮品质优、遗传性能稳定和适应性强等优良特点。

13.新建羊舍时需要注意哪些问题?

根据羊喜欢游走、耐寒冷、忌潮湿、怕闷热的生活特性。在建羊舍时,需要注意以下一些基本情况。

(1)基本要求

①选址。一般选在地势较高、排水良好、坐北朝南、避风向阳、通风干燥、接近牧地或饲料地、有水源的地方。

②运动场。运动场不小于羊舍的2倍,羊舍的高度不低于2.5米。羊在舍内或栏内所占单位面积具体为:公羊1~1.5米^2/只;母羊0.5~1米^2/只;怀孕母羊和哺乳母羊为1.5~2米^2/只;幼龄公母羊和育成羊为0.5~0.6米^2/只。

③一般建筑。羊舍门窗、地面及通风设施,要便于通风、保温、防潮、干燥。饲养管理,确保舍内有足够的光照(只要坐北朝南即可)。大门宽度以1.5~2米为宜,分栏饲养的栏门宽度不低于1.5米;窗门距地面的高度为1.5米。楼式羊舍中的楼板以木条和竹条铺设、条间距1~1.5米,以利粪尿漏下。楼板离地面高度为1.5~2米,以利通风、防潮、防腐、防虫和除粪。

(2)主要的配套设施

①干草房。用于保存干草作越冬饲料,其空间大小可根据每只羊200千克青干草来推算。

②青贮和氨化设备。根据饲养规模来建立青贮和氨化池。要做到不漏水、不跑气。

③药浴池。即用药物洗澡的水池。用于防虫治虫和便于肉羊的正常生长和发育。

④饲槽和饲料架。饲槽用于补充精料和饲喂颗粒饲料,饲料架用于晾干青绿饲料。

(3)大中型种羊场必须购置的机械设备

可直接或间接用于养羊生产的工具,大致可分为动力机械、草原建设机械、饲草饲料种植和管理机械、饲草饲料收获机械、饲草饲料加工机械、畜产品采集和加工机械、运输机械、保养维修设备等。肉羊场应根据实际情况选购所需要的机械设备。其中,铡草机(如ZC-6.0型)、饲料粉碎机、饲料混合机和剪毛机等应是大中型羊场必备的机具。

14.怎样防止羊近亲交配?

羊近亲交配易造成生产性能下降,品种退化,生产发育迟缓,产肉产毛量降低;繁殖率下降,怪胎、流产、化胎、死胎不断出现;羊抗病力差,死亡率高。

防止方法有:

(1)调换种公羊

在一个羊群中种公羊连续使用2年后,应与其他羊群中同一品种的种公羊进行调换,避免近亲交配。

(2)种公羊单独饲养

到配种季节,选择血缘关系远的种公羊进行人工辅助配种或人工授精。采用这种方法不仅可避免近亲繁殖,而且可以控制母羊产羔时间,延长种公羊利用年限。

(3)在羊数量集中的乡、村,应建立羊的人工授精站

授精站应建立档案制度,包括种公羊、种母羊卡片,母羊繁殖登记表、羊羔登记表及后代测定记录表等。有了这些档案,血缘关系就清楚了,就可以有计划地选种选配,避免近亲繁殖。

15.怎样给缺奶羊羔哺乳?

(1)找保姆羊

找产期接近、奶水好的产单羔或羔子已死的母羊,最好养几只奶山羊。

(2)人工喂养

缺奶羊羔如果找不到保姆羊,就要人工喂养。人工哺乳的羊羔必须是在出生后24小时吃过初乳。因为初乳中含有丰富的蛋白质、脂肪和抗体等。

需要提醒的是:刚出生的缺奶羊羔,1周内最好不要喂给牛奶或奶粉,否则拉稀,可用小米粥加红糖替代母乳,或者用羔羊代乳品。

16.怎样给羊饲料中合理地添加尿素?

尿素是羊的一种良好蛋白质添加剂,1千克尿素相当于2.88千克粗蛋白质,相当于5.6~6千克大豆饼。短期育肥的肉羊,补充适量的尿素效果十分明显。饲喂方法主要有:

(1)直接按精料的1.5%~2%含量,将尿素与精料均匀混合喂给。

(2)做成尿素盐砖供羊舔食。尿素盐砖的配比是尿素40%、食盐47.5%、糖蜜10%、磷酸钠2.5%,还有少量其他元素。

(3)在青贮时,以1000千克青贮草加5~6千克尿素,混入青饲料中。

17.肉羊怎样才能做到一年两产?

一年两产体系可使母绵羊的年繁殖率提高90%~100%,在不增加设施

投资的前提下，母羊的生产力提高1倍，生产效益提高40%~50%。一年两产的技术核心是母羊发情调控、羔羊早期断乳和早期妊娠检查。按照一年两产的要求，制订周密的生产计划，将饲养、保健、繁殖管理等融为一体，最终达到预定的生产目的。从已有的生产分析，一年两产体系的技术密集、难度大，但只要按照标准程序执行，可以达到一年两产。一年两产的第一产宜选在12月，第二产宜选在7月。

18. 如何防止怀孕母羊流产？

（1）母羊怀孕初，1个月左右，受精卵在定殖未形成胎盘之前，很容易受外界饲喂条件的影响，喂给母羊变质、发霉或有毒的饲料，容易引起胚胎早期死亡；母羊的日粮营养不全面，缺乏蛋白质、维生素和矿物质等，也可能引起受精卵中途停止发育，所以母羊怀孕初1个月左右的饲养管理是保证胎儿正常生长发育的关键时期。此时胎儿尚小，母羊所需的营养物质虽要求不高，但必须相对全面。在放牧和圈养的饲养条件下，一般来说母羊采食幼嫩牧草能达到饱腹即可满足其营养需要，但在秋后、冬季和早春，牧地草质枯萎粗老，多数养殖户以晒干草和农作物秸秆等粗料补喂母羊的放牧不足，由于母羊采食饲草中营养物质的局限性，即使母羊放牧和补喂采食能达到饱腹也不能满足其营养需要，养殖户则应根据母羊的营养状况适当地补喂精料。

（2）母羊怀孕2个月后，随着怀孕月份的增加，胎儿发育逐渐加快，应逐渐增加精料的饲喂量，可将黄豆40%、玉米30%、大麦20%、小麦10%，用温水浸泡6~8小时，磨成浆，再添加相当于黄豆等饲料总量的10%~15%豆饼、5%~8%糠麸、1%食盐、3%~5%骨粉，每天给孕羊补喂2~3次，每次每只羊喂给混合精料50~100克，青年母羊还应适当地增加精料喂量。

（3）母羊怀孕3个月后，孕羊饲喂饲草的总容积要适当地加以控制，给羊补喂饲草和添加精料应做到少喂勤添，以防一次性喂量过多压迫胎儿而影响其正常生长发育。

（4）母羊怀孕4个月以后，胎儿体重已达到了羔羊出生时体重的60%~

70%,同时母羊还要储存一定量的营养物质以备产后哺乳。一般在此阶段进行攻胎补料,精料的饲喂量应增加到怀孕前期的两倍左右,而饲喂的饲草和补喂的精料要力求新鲜、多样化,幼嫩的牧草、胡萝卜等青绿多汁饲料则可多喂。禁止喂给马铃薯、酒糟和未经去毒处理的棉籽饼或菜籽饼,并禁喂霉烂变质、过冷或过热、酸性过重或掺有麦角、毒草(如闹阳花、无刺含羞草等)的饲料,以免引起母羊流产、难产和发生产后疾病。

(5)母羊产前1个月左右,应适当控制粗料的饲喂量,尽可能喂些质地柔软的饲料,如氨化、微贮或盐化秸秆、青绿多汁饲料,精料中增加麸皮喂量,以利通肠利便。

(6)母羊分娩前10天左右,应根据母羊的消化、食欲状况,减少饲料的饲喂量。

(7)产前2~3天,母羊体质好,乳房膨胀并伴有腹下水肿,应从原日粮中减少三分之一到二分之一的饲料喂量,以防母羊分娩初期乳量过多或乳汁过浓而引起母羊乳腺炎、回乳和羔羊消化不良而下痢;对于比较瘦弱的母羊,如若产前1周乳房干瘪,除减少粗料喂量外,还应适当增加麻饼、豆饼、豆浆或豆渣等富含蛋白质的催乳饲料,以及青绿多汁的轻泻性饲料,以防母羊产后缺奶。此外,怀孕母羊的饲料和饮水要保持清洁卫生。

19.小尾寒羊,羔羊如何育肥效果好?

利用小尾寒羊繁殖率高、早期发育快的优势,进行肥羔肉生产是增加养殖收益的主要途径,但必须做到以下几点。

(1)杂交改良

小尾寒羊通常表现为生长较慢,体型欠丰满,产肉量低。应尽可能与肉用品种羊进行杂交改良。目前甘肃省可利用的肉羊品种主要有无角陶赛特、特克塞尔、萨福克、杜泊、夏洛莱等优良肉羊品种。

(2)去势

用于育肥的羔羊应在1~3周内去势,此时去势利于提高肉的品质,使肉质细嫩,减少膻味;还可使羊性情温顺,便于管理,容易育肥。

(3)早期断奶

小尾寒羊传统的断奶时间多在3~4月龄,但据试验,30日龄前断奶和60日龄以后断奶的羔羊,在同样的条件下进行育肥至6月龄,平均体重和日增重明显高于60日龄后断奶。另外早期断奶育肥,还有利于母羊提前配种,使种羊由2年3胎提高到1年2胎,从而提高小尾寒羊的繁殖率、出栏率和产肉量。

(4)驱虫

分别在断奶后和入秋时分各驱虫一次。常用的驱虫药有:硝氯酚、硫双二氯酚、丙硫咪唑等,每千克体重分别用4毫克、35~75毫克、2.5~3毫克口服。一般育肥羊日粮中的粗料应占40%~60%,即使到育肥后期,也不应低于30%,或粗纤维含量不低于8%~10%。

(5)科学搭配日粮

尽量改善粗料品质,提高羊对干物质的采食量,从而增加日粮营养水平。

(6)精细饲喂

使用粗精合理搭配、营养全面平衡的混合饲料,羔羊半年左右就可出栏,可显著提高经济效益。羔羊自由采食,自由饮水。混合饲料配方为:玉米83%,黄豆饼15%,石灰石粉1.4%,食盐0.5%,维生素和微量元素0.1%。从断奶开始育肥到5~6月龄,羔羊体重可达36千克,日增重平均在200克以上。

(7)合理利用羔羊预混料

主要包括微量元素和维生素等添加剂。

(8)创造适宜的环境温度

环境温度对育肥羊的营养需要和增重影响也很大。平均温度低于7℃时,羊体产热量增加,采食量也增加,但由于低温增加热能散失量,使饲料的增重效率随之降低。低温环境育肥的肉羊应相应增加营养水平,才能维持较高的日增重,若空气湿度高和大风天气,更会加剧低温对羊的不良影响。气温高于32℃时,羊的呼吸和体温随气温而增高,采食量减少,气温过高时羊的食欲下降甚至停食、流涎,严重时会中暑死亡。高温高湿会加剧对羊的危害，育肥后期高温对羊的危害更大。另外，保持安静环境和减少羊活动，可以使营养物质消耗减少，从而提高育肥效果。

(9)适时出栏

小尾寒羊羔羊快速育肥出栏期应选在5~6月龄或体重达到35千克时出栏最佳。

20. 羊冬天如何补饲?

(1)选择合适的精料，应选择有颗粒耐反刍的，如干苜蓿等。

(2)认真挑选合成饲料。

(3)精料补充要适量。羔羊(1个月以内)把精料和苜蓿草粉等混合起来，自由采食。断奶后，每天控制在150~250克/只左右，母羊每天控制在250克/只左右，怀孕中期和产羔羊初期可适当加大。公羊每天控制在500克/只左右。

(4)羊喂八成饱。圈养的，如果喂氨化等没有揉和碎的，在2小时左右吃完为好，如果是碎草粉碎的，在40分钟左右吃完为好。

(5)足量饮水。冬天的原则是：水温要在10℃左右。不可用冰水。

(6)不喂带冰的草料。夏不吃露、冬不见霜。

21. 舍饲情况下，羊每天的饲料量多少合适?

(1)精料的饲喂量

精料的日饲喂量为羊体重的0.5%~1%，根据羊的饲养标准和精料的营养成分，结合本场(户)的实际情况，制定羊每日精料的补饲量为：

①公羊：非配种期0.5千克/只(分两次喂)，配种期0.8~1.0千克/只(分三次喂)。

②空怀母羊：0.3~0.4千克/只。

③羔羊：20~30日龄50~70克/只；1~2月龄100~150克/只；2~3月龄200克/只；3~4月龄250克/只。

④繁殖母羊：妊娠前期0.4千克/只；妊娠后期0.5千克/只。

(2)粗料的饲喂量

含粗纤维18%以上的饲料统称粗饲料。羊的瘤胃容积大，利用青干草的能力强。粗饲料干物质要占到总采食干物质含量的60%~70%，粗饲料饲喂量不足，将严重影响羊的正常新陈代谢，并引起生产性能下降。

①青干草的日饲喂量。补饲青草每天的喂量约为羊体重的3%~4%。每日0.6~1千克/只。补饲干草每天的喂量是其体重的1%~2%。

②青绿饲料的日饲喂量。青绿饲料含有丰富的维生素和钙质，营养丰富，适口性好。青绿饲料的每天采食量为羊体重的5%~7%，再加喂一定量的精料。如单喂青草，每天的喂量约为其体重的14%。但饲喂豆科青草时则应加以控制，否则易引起膨胀而造成死亡。

③收获种子后的秸秆饲喂量。以玉米秸秆为例，其粗蛋白含量约为3.5%，粗纤维含量约为33.4%，若体重在40千克，每天采食干物质可按体重3%计算，为1.2千克，但由于在舍饲情况下粗饲料的来源比较单一，如长期饲喂单一饲料，容易造成营养物质缺乏症，因此应尽可能增加粗饲料的种类，避免出现因营养不全面而造成的营养缺乏症。

22. 各类羊科学合理的饲料配方比例是什么？

(1)羔羊料配方：玉米50%、麸皮15%、豆粕20%、矿物微量元素1%、麻粕12%、钙石粉1%、食盐1%。

(2)育肥羊饲料配方：玉米62%、麸皮10%、豆粕12.5%、麻粕12%、钙石粉1%、食盐1%。矿物微量元素1%、小苏打0.5%。15~20千克左右出栏。

(3)育成羊饲料配方：玉米54%、麸皮12%、豆粕18%、麻粕12%、钙石粉1%、食盐1%。矿物微量元素1%。育成公羊长得快，应多喂饲料。

(4)母羊饲料配方：玉米49%、麸皮18%、豆粕24%、麻粕6%、石粉1%、食盐1%。矿物微量元素1%。

(5)种公羊饲料配方：玉米55%、麸皮12%、豆粕21%、麻粕9%、钙石粉1%、食盐1%、矿物微量元素1%。

精料喂量：妊娠母羊150克/只，临产母羊减料1/3，哺乳羊200克/只（羔羊哺乳期2~3个月），公羊300克/只，羔羊100克/只，生长育肥羊200克/只（或大羊喂精料量250克内，占体重的0.5%）。

23.怎样才能保证羔羊安全越冬？

重点做好饲养和管理两个方面。

（1）管理方面

首先要有良好的保温设施。羊舍必须做到保温、防寒、通风，羊舍敞开地方需用棚膜包裹住，羊圈走道应该有通风口，晚上通风口应适当调整小，漏风的地方要堵住。白天温度回升的时候，通风口应调整大，阳光好时，打开羊运动场与圈舍的门，让羊出去晒太阳。对于圈舍为地面式、没有羊床的，圈舍内的羊粪初冬季时就应保留，这样可以加大保暖程度。还有，进入冬季后，圈舍养殖的密度应比夏秋增大20%以上。产羔后的母羊和羊羔要单独圈养，气温低于0℃时应增加保温设施或设备；圈舍垫点麦草等保温垫料，可以加大对羊羔的保温，羊羔不会冻伤或者冻死。其次，冬季应增加精饲料的饲喂量，保障充足的营养物质。只要能满足羔羊生长发育和御寒需要的正常营养水平，羔羊就能健康生长。

（2）饲养方面

一般一只成年羊需要贮备400千克越冬饲草和适量的精饲料，在越冬前根据饲养的羊的数量贮备优质的牧草，农区舍饲养殖时，每只羊贮备青贮玉米秸秆1吨，同时为保证饲料多样性，还应贮备苜蓿、豆秸、马铃薯茎叶、树叶等饲草。精饲料贮备主要以玉米、小麦、麸皮等为主。

24.初冬季节绵羊饲养管理应注意哪些问题？

初冬季节，气候变化反复无常。对羊群来说，不仅要不断适应自然环境和气候变化，还要不断适应饮水温度、饲草料种类的变化以及饲养环境的不断变化。所以加强初冬季节羊群的饲养管理不仅可以防止羊群过早出现掉膘现象，又有利于实现羊群的持续抓膘和及早保膘。在生产实践中，养殖户和养殖场进入初冬季节，在加强羊群的饲养管理方面应当掌握以下十个方面的要点。

（1）在羊群进入圈舍之前要对圈舍进行彻底全面反复消毒，以防传染病和寄生虫病的发生与蔓延。

（2）根据气候变化及时调整饮水时间，以防饮水温度过低引起消化道疾病。

（3）有放牧条件的羊群要根据气候变化及时调整出牧时间，以防出牧过早和收牧过晚导致羊群采食有霜有雪的饲草引发疾病。

（4）夜间进入圈舍的时间应当逐步调整，初冬季节不宜过早进入圈舍和在圈舍内时间过长，以防羊群受热。

（5）饲草料要逐步替换，以防调整过快引发疾病。

（6）饲草料数量要逐步增加，以防造成饲草料浪费和引起消化道疾病。

（7）要及早按照羊的大小、强弱、公母，生产羊、育肥羊等不同情况进行分群管理，以提高羊群的管理水平和经济效益。

（8）对参加配种的公羊和母羊不仅要分群管理，而且要根据年龄大小实现精细化管理，以提高公羊的利用率和母羊的受胎率。

（9）要及时做好配种前预防接种和驱虫工作，尽量减少母羊怀孕期间的预防接种和驱虫。

（10）要注意圈舍的适度通风，确保圈舍内的空气合理流动，保证羊的健康。

25. 春季羊群管理十大要点？

进入春季，建议养殖场和养殖户对羊群的饲养管理采取以下措施。

（1）及时对羊群进行整群。对养殖规模较大的养殖场、养殖户，一定要按照不同的生产性质对羊群进行一次整群，把生产性质相同的羊整合在一起，便于饲养管理。

（2）及时对羊群进行分群。按照强弱、大小、公母、生产羊与非生产羊进行分群,使不同类型的羊得到合理的饲草料供给和饲养管理。

(3)及时调整饲草料种类,春季羊各方面的生理机能都比较弱,要及时给羊群调整补充营养全面、容易消化的饲草料,使羊群的营养及时得到改善。

(4)及时淘汰没有饲养价值的羊。对羊群中年老、体弱、多病、繁殖能力弱的羊要及时淘汰,调整到育肥羊群,经过育肥后及时出售。

(5)及时对羊舍运动场进行一次彻底清理,以铲除病原微生物萌发繁殖传播的温床和条件,减少各种疾病的发生。

(6)及时对清理后的羊舍及运动场、各种设施设备、饲养用具用强力消毒剂进行反复消毒,防止病原微生物的复活和繁殖传播以及一些疾病复发。

(7)及时开展疫苗的预防接种。在对羊群开展常规免疫的同时,要结合当地绵羊传染病流行的具体情况开展有针对性的疫苗预防接种,从源头上预防各种传染病的发生。

(8)及时对羊群进行驱虫。在选择常用驱虫药对羊群进行常规驱虫的同时,要针对当地绵羊寄生虫病流行的实际情况,选择有针对性的驱虫药对绵羊进行选择性驱虫,从源头上预防寄生虫病的发生与传播。

(9)及时做好接羔的各项准备工作。春季是羊群产羔的关键季节,养殖场、养殖户在做好各项饲养管理的同时,要从人力、饲草料、药物、圈舍、设施等各方面及早做好接羔的各项准备工作。

(10)及时发现和果断处置好各种突发疾病。春季是各种传染病暴发流行的季节,一旦发现有传染病和寄生虫病的发生与传播,一定不能优柔寡断,要及时报告当地动物防疫部门,及时采取综合措施进行果断处置,确保羊群安全和周边养殖场、养殖户的安全。

26.怎样选择初生母羔才能提高养羊经济效益?

(1)母羔饲养到断奶月龄时(目前多为3月龄到4月龄),对毛色不纯的母羔要及早育肥出售。

(2)对在同月龄母羔中体格明显偏小的母羔及早育肥出售。

(3)对在哺乳期间抵抗力差,容易发病的母羔及早育肥出售。

(4)对四肢有残疾的母羔,及早育肥出售。

(5)对生殖系统有缺陷的母羔,及早育肥后予以出售(乳房乳头明显缺陷)。

(6)对采食饲草料和饮水动作缓慢的母羔,及时育肥出售。

因为这些母羔成年以后很难担当配种怀孕、产羔育羔的艰巨任务,不仅会造成饲草料浪费,而且会因为这类母羊的长期存在而直接影响养羊的经济效益。

27. 多羔母羊的分娩过程如何护理?

生产实践中,怀孕母羊从出现临产表现到羔羊安全产出过程称作怀孕母羊的分娩过程,怀孕母羊分娩过程的合理护理在养羊生产实践中具有非常重要的作用。因为它不仅有利于及早预防大羊和羔羊发生意外,避免给养殖户造成经济损失,提高羔羊的繁殖成活率,而且有利于怀孕母羊产后身体和各项机能的迅速恢复,为新生羔羊的健康成长提供保证。

对规模养殖户和养羊场来说,多羔怀孕母羊分娩过程的风险要远高于单胎品种和当地原始品种,对养殖户在分娩过程中的护理要求也要远高于一家一户的分散养殖。采取切实有效的措施,认真做好多羔怀孕母羊分娩过程的护理工作,对降低怀孕母羊分娩过程中的风险、减少羔羊损失、提高养羊业经济效益都具有十分重要的意义。生产实践中要做好以下几个方面的护理工作。

(1)准确记载每只母羊的配种时间和每个羊群的配种期限,按照母羊怀孕期145~160天的规律,及时将临近分娩的母羊群移入产羔室单独管理,等待母羊分娩产羔。

(2)对临产羊群要做到勤观察、细照料,对有明显临产表现的怀孕母羊要重点监视,尤其是夜晚要有专人守候监视,及时对分娩过程中出现的因胎位不正、宫缩乏力、死胎等造成难产的各种意外情况和具体问题按要求给予及时护理与解决，确保怀孕母羊的顺利分娩和新生羔羊的成活。

(3)对初产和体质较弱的多羔怀孕母羊，其分娩过程要做到全程守护，保证将其腹中所怀胎儿全部产出为止。初产母羊因在分娩过程中受到惊吓或因产道狭窄导致分娩时间过长、分娩过程不能持续的，对因母羊体质虚弱、胎儿体格过大、胎位不正、死胎等导致分娩时间过长，子宫收缩乏力，分娩症状消失，分娩过程不能持续等情况要及时采取有效措施予以对症解决。一般情况下，当分娩母羊出现宫缩乏力、胎儿体格过大、死胎等原因导致母羊难产时，应及时给母羊肌肉注射缩宫素等药物促使子宫恢复和增强其收缩力，以保证分娩过程的持续和胎儿的顺利产出。对有些多羔怀孕母羊由于各方面原因产出1~2只羔羊后，还未等待腹中剩余羔羊全部产出，分娩症状就逐步消失，但是母羊在精神上又往往萎靡不振，饮食欲减退或消失，有腹疼和腹部轻度发胀的表现，在这种情况下首先要考虑的是有可能腹中还有羔羊没有产出或者胎衣没有完全排除，可以通过人工触摸的方法确认，一旦确认无误时，可以给分娩母羊肌肉注射缩宫素等药物促使子宫恢复和增强其收缩力，完成其分娩过程，让其腹中的胎儿不论死活都要及时完整产出和剩余胎衣彻底排除。必要时在对母羊注射缩宫素后母羊出现努责表现时采取人工辅助的方式帮助胎儿产出和胎衣排出，同时对分娩母羊静脉注射25%葡萄糖、10%葡萄糖盐水、樟脑磺酸钠、维生素C、庆大霉素等，以及时改善分娩母羊的全身状况。如果养殖户对此类情况不能做出及时准确的判断，给予正确的护理，就有可能危及大羊的生命而导致死亡，给养殖户带来一定的经济损失。

28. 多胎羔羊饲养管理应注意哪些问题?

随着多胎多羔绵羊品种的不断普及，母羊一胎产双羔已经成为养羊生产中的普遍现象，甚至有些好的品种往往会出现一胎产三羔或四羔的现象。这些母羊由于在怀孕期间胎儿数量过多，母体对胎儿供给的营养有限，造成部分羔羊在胎儿期间就出现了发育不良，从而导致母羊产出体质虚弱的羔羊。另一方面，如果母羊头胎配种过早，在怀孕期间饲养管理不善和感染疾病等原因，也会影响胎儿的正常发育而导致母羊生产的羔羊体质虚弱。同时以上原因同样可以使生产母羊奶水不足而引起初生羔羊缺奶和精神不佳。当新生羔羊出现体质虚弱和母羊奶水缺乏使羔羊吃不到母乳时，在生产实践中建议养殖户对新生体弱缺奶羔羊在饲养管理方面主要采取以下措施，以提高羔羊的成活率。

(1)对新生弱羔羊要及时通过人工辅助的办法，帮助其尽快吃到初乳，如果产羔母羊出现奶水缺乏时要通过寻求保姆的办法代为哺乳。

(2)当新生弱羔羊母羊缺乏奶水，一时间又找不到其他奶源时，要通过人工方法给羔羊灌服葡萄糖、牛奶、山羊奶、奶粉、豆浆、面汤等办法解决。由于新生弱羔羊的胃肠消化功能都比较弱，在具体操作过程中应当遵循下列方法。3~4天的羔羊以灌服高渗葡萄糖和葡萄糖粉为主并加入适量奶粉；5~10天的羔羊可以将适量葡萄糖粉和经过稀释的牛奶、山羊奶混合灌服；10天以后的羔羊可以在灌服奶粉或者牛奶、山羊奶的同时，可以适量灌服煮沸的面汤或者豆浆；20天以后的羔羊可以以奶粉、面汤为主，并及时开始饲喂容易消化的精饲料和饲草。

(3)对新生体弱缺奶羔羊在人工辅助哺乳期间一定要注意添加适量钙片和维生素C片，以满足羔羊生长发育的需要和增强机体抵抗力的需要，尽量减少羔羊的损失。

29. 放牧羊群从秋场转入冬圈应注意哪些事项？

放牧羊群从秋场转入冬圈，饲养环境、饲养方式、饲草料种类都要发生重大改变，如果养殖户能够及时注意以下方面的问题，就能保证羊的及时适应，预防疾病的发生与传播，减少养殖户不必要的损失。

(1)在羊群转入冬圈之前，务必对曾经使用过的羊圈和圈舍内的设施、用具进行3次以上彻底消毒，以防病原微生物的繁殖蔓延导致疾病的发生与传播。

(2)要注意让羊群逐步适应圈舍环境，晚上羊群入圈后要保证圈舍的良好通风和合理密度，以防圈舍的过于密闭和羊密度过大，导致圈舍内因缺氧、空气污染而引起羊呼吸道疾病的发生和蔓延。

（3）要逐步调整饲草料品种，让羊逐步适应饲草料的变化，以防因为饲草料的突然变化导致羊消化道疾病的发生与蔓延。

（4）逐步调整放牧时间，以防因为运动量的突然减少导致羊饮食欲减退，抵抗力下降，最终导致疾病的发生与蔓延。

30. 如何选择绵羊的剪毛时间？有哪些注意事项？

在养羊生产实践中，决定羊毛品质和经济价值的因素不仅取决于绵羊的自身品质和羊只的营养状况，而且取决于合适的剪毛时间和剪毛技术。因为羊毛的脱换有着明显的季节性，在一般地区，春末夏初季节，羊为了易于度过炎热的夏天，将毛球和毛乳头的营养供给中断，使毛球细胞分裂、增殖过程减弱，毛根变形，从而导致毛纤维在毛鞘内处于分离状态，最终从毛鞘内脱落下来。在旧毛脱落以前，其下面毛球细胞重新得到营养又逐渐增殖，形成新的毛纤维而产生羊毛的脱换现象，脱去被毛中的绒毛和两性毛，到了秋季又重新长出新毛，以增强御寒能力。羊毛的季节性脱换现象在粗毛羊和管理比较粗放的羊群中比较明显，时间也比较准确，而细毛羊和杂种羊相对不太明显。当然羊毛的脱换现象除了与季节有关外，还与羊的年龄、健康状况、营养状况有密切关系。所以选择了合适的剪毛时间就有利于提高养羊的经济效益，注意了剪毛过程中的各种细节就有利于减少羊的损失。根据甘肃省地域辽阔、东西狭长、自然条件和气候条件差别较大等因素，对养殖户和养殖场在如何选择最佳剪毛时间及应该注意事项方面特别提出以下建议，供生产实践中参考。

（1）要把握季节，选择最佳剪毛时间。根据各地气温回升和返青的差别，正常年景河东地区农区比较合适的剪毛时间应该选择在立夏的前10天左右；河西地区农区比较合适的剪毛时间应该选择在立夏的后10天左右，细毛羊和杂种羊可适当推后10天左右。

（2）在同一地区要根据不同品种把握最佳的剪毛时间。甘南、天祝、肃南等高寒牧区比较合适的剪毛时间应该选择在夏至前后，粗毛羊应该选择在夏至前剪毛，细毛羊和杂种羊应该夏至后剪毛。根据有关研究和生产实践证明，以上季节是羊毛脱换的最佳季节，在这个季节剪毛不仅羊毛产量高，而且羊毛质量好，会为养殖场、养殖户带来良好的效益。

在选择最佳剪毛时间的同时，应该注意以下事项。

(1)选择天气晴朗的时间剪毛，以防阴雨天导致剪毛后的羊受凉感冒发生意外。

(2)羊群在剪毛前要禁食24小时，以防羊在剪毛过程中引起腹胀而发生意外。

(3)在剪毛过程中要让羊垂直翻身，以防水平翻身时造成羊的肠扭转等而发生意外。

(4)剪毛后的羊要坚持先喂草后饮水，不要急于喂料，以防引起冷疼腹胀导致羊发生意外。

(5)对剪毛过程中造成的伤口要用碘酒及时进行涂搽和对症治疗，以防引起伤口感染和破伤风发生。

(6)剪毛后的羊群不能马上药浴。给羊1周左右剪毛后的适应过程和体力恢复过程，以防受凉和体质虚弱，导致羊发生意外。

31. 绵羊出现发育迟缓和瘦弱的原因有哪些？应当采取什么措施？

在养羊生产实践中，养殖户的羊群中经常会出现少数羊看起来饮食都正常，但是与同类羊相比存在生长发育明显迟缓、瘦弱，有些羊甚至最终因瘦弱而死亡，导致养殖户得不偿失。分析其发育迟缓和瘦弱的原因主要来自于先天和后天两个方面。

先天的原因主要是因为怀孕期间的胎儿发育不良，感染疾病，母羊配种怀孕过早，胎儿出生后母乳缺乏(主要是初产母羊和体质虚弱母羊)，哺乳期护理不善等因素。后天的原因主要是因为大羊营养不良、奶水缺乏，不能满足羔羊生长发育的需要，饲草料单一，饲养管理不善，消化系统的疾病(口腔疾病、胃肠功能不全、慢性胃肠炎等)长期得不到治疗。受寄生虫、细菌、病毒感染发病后未能得到及时有效地预防和治疗等原因都可以造成羊的生长发育缓慢和不长膘。

针对引起羊生长发育缓慢、瘦弱、不长膘的原因，建议对先天性的原因应当注意采取以下措施：一要合理掌握母羊的配种年龄和体格发育情况（根据不同品种而定）；二要加强怀孕母羊的饲养管理（保证胎儿的正常发育）；三要加强初生羔羊的饲养护理，尤其是初产母羊羔羊的护理；四是要加强哺乳期羔羊和母羊的饲养管理；五是对消化系统发生的普通疾病要及时进行对症治疗。

对后天原因造成羊生长发育缓慢、瘦弱、不长膘，应当采取以下措施：一是做好初生羔羊相关疫苗的接种（如羔羊的口膜炎疫苗等），同时要根据不同的年龄段及时做好相关疫苗的接种工作，以减少传染病传播和感染的机会；二是及时对哺乳期羔羊进行定期驱虫；三是对一些有治疗价值的患病羔羊进行对症治疗；四是对没有治疗价值和愈后效果不佳的羔羊要及早进行淘汰处理（结核病、布氏杆菌病、小反刍兽疫、口蹄疫、羊传胸等）和无害化处理，以免造成饲草料的浪费和疫情传播。

32.绵羊药浴应该注意哪些事项？

绵羊剪毛后紧接着的一项非常重要的管理措施就是对羊进行药浴。绵羊药浴就是将合适的药物与水配制成合适的比例放入专门的池子内对剪毛后的羊进行泡澡，通过药物对绵羊躯体进行一定时间的浸泡，以杀灭寄生在绵羊体外的各种寄生虫，达到体外驱虫的目的，在生产实践中统称为药浴，是目前驱除绵羊体外寄生虫最佳的选择。

在生产实践中，如果养殖户和养殖场的饲养管理人员能够熟悉掌握绵羊药浴应该注意的事项，不仅可以提高绵羊药浴的质量，达到预防疾病的目的，而且可以预防一些意外事故的发生，减少不必要的损失。一般情况下，我们建议养殖户或者养殖场在对绵羊进行药浴时应重点注意以下七个方面的事项。

（1）绵羊剪毛1周以后方可进行药浴，保证羊从剪毛前到剪毛后对外界环境的适应。

(2)要选择绵羊半饱时药浴,以防空腹时药浴导致绵羊的体力不支和饮食过饱导致互相挤压踩踏,发生意外。

(3)选择晴天进行药浴,以防阴雨天药浴后引起羊的感冒和体外药物短时间内被雨水冲洗流失。

(4)有病和老弱残羊不宜药浴,以防病情加重或者抵抗力下降。

(5)怀孕后期的母羊,出生2个月以内的羔羊可暂缓药浴,以防母羊的流产、早产和羔羊的呛水。

(6)对有明显外伤的羊要暂缓药浴,以防伤口感染。

(7)对药浴过的羊群让其充分地晒太阳,不要马上将羊赶入圈舍和长时间在阴凉处停留,以防羊的感冒和受凉而发生意外。

33.配种季节种公羊饲养管理应该注意哪些方面?

加强配种季节种公羊的饲养管理不仅有利于保证种公羊具备旺盛的性欲,而且有利于提高种公羊精液的品质和受胎率。所以配种季节种公羊的饲养管理比母羊的饲养管理更为重要,养殖户对配种季节种公羊的饲养管理必须把握以下八个方面的要点。

(1)对准备参加配种的种公羊要在配种工作开始的1个月前进行分群管理。指定专人进行细心照料,制定配种季节种公羊的饲养管理具体方案,保证种公羊配种季节有健康的身体。

(2)及时调整饲草料品种,以满足种公羊在配种季节的营养需要。重点要提前饲喂蛋白质含量较高的饲草料,在饲草料中要及时增加豌豆、苜蓿、豆饼等饲料的比例。同时要注意及时补充矿物质、维生素、微量元素等,以保证种公羊在配种季节有充沛的精力,能够采取优质的精液。

(3)要对新参加配种的幼年种公羊提前进行调教。先给种公羊绑上试情袋,将其放在母羊群中让其自由锻炼爬跨,经过一定的自然调教以后,要及时对公羊进行人工采精调教,这样就能保证幼年公羊顺利适应配种工作的要求。

(4)对参加配种的公羊要提前进行健康检查。对患有一般疾病的种公羊要及早治疗,保证公羊在配种季节的身体健康,对患有严重疾病和传染病的种公羊要及早淘汰,防止疾病传播和精液品质下降。

(5)在配种工作开始前,要对所有参加配种公羊的精液进行认真细致检查。对精子成活率达不到要求的公羊要及时淘汰,以防影响受胎率。

(6)在配种工作正式开始后,要进一步加强种公羊的饲养管理。不断优化种公羊的饲草料结构,尤其要满足蛋白质饲料,进入采精盛期要注意每天给种公羊加喂鸡蛋和牛奶,同时对品质特别好,需要强化采精的种公羊可以考虑加喂生大葱等补充物,以提高种公羊性欲,保证适度增加采精频率和精液数量。

(7)要加强配种公羊的运动。为了保证配种公羊在配种季节的健康和精力,每天的运动时间不得少于4小时,早晚各2小时,因为再好的饲养管理也代替不了羊固有的生活习性,没有合理的运动,再好的饲草料也不能保证种公羊在配种季节的健康与精力。

(8)要合理设定种公羊圈舍与母羊群圈舍的距离。对采取人工授精进行配种的养殖户和养殖场,在配种季节既要严格坚持种公羊和母羊分群管理的原则,又要保证种公羊和母羊群的距离不要太远。这不仅有利于促进母羊的发情整齐,又有利于刺激种公羊的旺盛性欲。

34. 如何科学挖掘小尾寒羊的品种优势?

小尾寒羊具有生长发育快、肉用性能好、早熟、多胎、繁殖率高、耐粗饲、适应性强、经济效益丰厚等优点。理论数据显示,小尾寒羊4月龄即可育肥出栏,年出栏率可达400%;6月龄开始发情配种,年产2胎;平均产羔率270%以上,年产羔率可达500%;6月龄公羔平均体重可达40千克/只,母羔平均体重可达38千克/只;周岁公羊平均体重可达60千克/只以上,母羊平均体重可达40千克/只以上;成年公羊体重可达100千克/只以上,母羊体重可达50千克/只以上。小尾寒羊的繁殖力居中国绵羊品种之首,是世界上著名的高繁殖力绵羊品种之一,广受养殖户青睐。因此,科学挖掘小尾寒羊的品种优势显得尤为重要。

首先，要加强种羊营养，这是提高繁殖率的重要措施。充足的营养使种羊有健康的体况和适度的膘情，公羊保持旺盛的性欲，配种时精液中精子数量多、活力强、受胎率高；母羊可以常年发情，配种妊娠后体质健壮胎儿发育良好、产后奶水充足、羔羊出生重大、成活率高，同时母羊产多羔的概率就会增加。因此，饲养小尾寒羊无论放牧或舍饲，都必须一年四季坚持饲喂充足的混合精料。种公羊在非配种期要求每只日喂混合粗料不少于0.5~0.6千克，配种期每只日喂混合精料不少于0.8~1.0千克、优质粗饲料2千克；母羊每只日喂混合精料不少于0.3~0.4千克，妊娠母羊随妊娠天数的增加（尤其后期），还应逐渐增加精料供给量。

其次，精饲料中必须含有足量的蛋白质、能量、维生素、微量元素和其他矿物质并保证充足的饮水。青绿饲料对种羊尤其重要。因为青绿饲料可以弥补精粗饲料中营养不足的缺陷，对提高公羊的精子密度和活力，促进母羊体内卵子的发育成熟和多排卵，增加产多羔的概率，促进妊娠母羊体内胎儿的发育和成长，保证产出羔羊初生体重大，成活率高都具有重要作用。进入夏秋季节有条件的养殖户和养殖场一定要给羊群补充一定数量的青绿饲料，进入冬春季节要尽量给羊群饲喂青贮饲料。只有采取合理科学的饲养管理方式，才能充分发挥小尾寒羊耐粗饲等一系列优势，提高养殖效益。

35. 如何提高配种母羊受胎率？

在养羊生产实践中，提高母羊受胎率是提高养羊效益的关键要素。所以，养殖户、养殖场一定要把抓好母羊的受胎率始终放在羊群管理的首要位置。尤其是规模化养殖场，由于投入的人力、物力、财力比较多，要保证投入的回报，使养羊产业能够取得满意的效果，就必须从提高母羊的受胎率抓起。在母羊的饲养管理过程中应注意抓好以下几个方面的工作。

（1）注意选择母羊合理的配种年龄，正常情况下母羊初次配种时间应该选择在1.5岁左右为宜，过早会影响母羊的后期生长发育和受胎率，过晚会影响饲养成本。

(2)选择合理的配种季节，虽然现在很多优秀品种一年四季都可以配种产羔，但是绵羊具有怕热喜凉的生活习性，所以配种季节一般应该避开盛夏和严冬，选择在初夏(舍饲羊群)或初冬(高寒牧区)季节，这两个季节的自然气候和羊的膘情都有利于母羊的发情整齐。

(3)选择合适的膘情，科学实验证明：中等营养水平的母羊最容易受胎，母羊膘情过肥和过瘦都对受胎率有直接影响。

(4)要保证种公羊的精液品质，不论自然交配还是人工授精，在配种前对参加配种的公羊精液都要进行显微镜检查，经检查精子密度、精子活力、精液的颜色没有异常时，方可让其参加配种和采精。

(5)要加强配种前和配种期间母羊的饲养管理，以满足受胎和胎儿发育的需要。

(6)按照母羊不同的怀孕阶段对怀孕母羊进行精细管理，确保怀孕过程的安全和胎儿的正常发育。

36. 如何预防绵羊的剪毛综合征?

在养羊生产实践中，由于养殖场、养殖户在给绵羊剪毛时选择的天气不合适，羊剪毛前的禁食、禁水不规范，在剪毛过程中羊翻身方式不得当，剪毛后药浴时间选择不当等原因，都有可能引起剪毛后的羊出现感冒、打颤、咳嗽、流鼻涕、腹疼、拉稀等症状，在生产中把剪毛后羊出现的这些现象统称为绵羊的剪毛综合征。生产实践中一般应当采取以下措施。

(1)绵羊剪毛前必须禁食禁水24小时以上，以防引起羊瘤胃鼓起等疾病。

(2)剪毛前要注意了解当地的天气预报，尽量选择在晴天剪毛，尤其不能在下雨天剪毛，以防羊感冒。

(3)在剪毛过程中羊体的翻身一定要注意竖翻，不能横翻，以防引起肠扭转和肠套叠等疾病。

(4)剪毛后的羊要先喂草、再饮水、再喂料,以防引起消化不良等胃肠道疾病。

(5)绵羊剪毛后10天左右的晚间需要将羊圈在羊棚里面,以防羊受冻淋雨引起感冒。

(6)药浴时间应该选择在剪毛后的1周左右,效果会更好。

37.夏天放牧羊群遇到雷雨天气怎么办?

每年进入夏季,羊群在野外放牧时遇到闪电、打雷、突降暴雨等极端天气是经常的事情。遇到这种极端天气,如果放牧员能够沉着应对、合理处置,就可以保证羊群和放牧人员的安全,否则就有可能给养殖户造成不必要的经济损失。

在生产实践中,建议养殖户在进入夏季外出放牧时首先要注意收听当地的天气预报,每天早晨要注意观察当天的天气状况。通过天气预报情况和当天的天气状况进行综合分析,以确定合理的出牧时间和收牧时间。如果在放牧过程中羊群遇到突如其来的雷雨极端天气,放牧员不要慌忙,要沉着冷静,积极稳妥地采取以下措施,就可以有效防止意外事故的发生,减少养殖户的经济损失。

(1)当放牧羊群遇到突如其来的雷雨天气时,放牧员首先要尽快将分散的羊驱赶集中在一起,防止羊因受雷电惊吓和暴雨泼打走散丢失。

(2)当放牧羊群离圈舍较近时,应该迅速将其驱赶至圈舍内让其躲避。

(3)当放牧羊群离圈舍较远时,可先把羊群驱赶集中在地势相对平坦和避风的地方让其团团围住,通过羊互相传递热量防止受凉受冻,增强对暴雨的抵御能力,减少对养殖户的不必要损失。

(4)切忌将放牧羊群集中在电杆、大树之下(尤其是枯树和老树之下)停留,以防闪电和打雷给放牧员和羊群造成不测。

(5)切忌下暴雨时让羊群在陡坡上和沟壑中停留,以防山洪、泥石流、落石给羊群和放牧员造成意外。

(6)雷雨天气过后不要马上出牧,以防羊大量采食带雨水和带露水的青草引发疾病。

(7)不要让羊饮用山洪水,以防疾病传播。

38.如何护理新生弱羔羊?

在生产实践中,一般把初产母羊、老弱母羊、多胎母羊和早产母羊生产的新生羔羊当中,出生后24小时内不能自己哺乳、不能自己站立、不能自由活动甚至出生后就患病和生理机能较弱的羔羊统称为新生弱羔羊。对这类羔羊,如果养殖户不能及时采取合理的人工护理措施予以积极护理,就会因为其按时吃不到初乳、及时得不到营养补充、疾病得不到及时防治而对外界的抵抗力不断下降,体力持续透支,各种生理机能逐步衰退,最终造成羔羊死亡,给养殖户造成不必要的经济损失。

针对造成新生羔羊体弱的综合因素,养殖户必须注意采取以下措施予以精心护理,才能确保新生弱羔羊的成活和健康成长。

(1)对初产母羊和保姆性差的母羊生产的体弱羔羊,要尽早给予人工辅助哺乳,确保羔羊在24小时内吃到初乳,并定时进行人工辅助哺乳,使羔羊能及时得到营养补充。同时对初产母羊和保姆性差的母羊要进行一段时间的母子栏饲养训练,直到母子相认和羔羊能自行哺乳为止。

(2)对一胎多羔生产的新生弱羔羊要及时给予人工哺乳外援奶,有条件的可以补充山羊奶,没有条件的可以补充牛奶。如果在没有羊奶和牛奶的情况下,先想办法通过人工辅助的方式,让其他正在哺乳的母羊代行保姆给予定时哺乳,使其得到及时的营养补充,保证其渡过体弱的难关,为防止羔羊因体弱造成死亡赢得时间。值得提醒养殖户的是,如果羔羊出现身体虚弱,母羊又无法为羔羊供给奶水,一时间又找不到可以替代的羊奶和牛奶,一定不要急于给羔羊喂奶粉,先要给羔羊灌一些高浓度葡萄糖液、葡萄糖粉和适量抗菌素、酵母粉,否则就会因为初生羔羊消化机能脆弱而哺乳奶粉后导致羔羊消化不良和引发消化道疾病。

(3)对因体弱发生疾病的新生羔羊,要及时给予对症治疗,尤其是发生感冒、肺炎、消化道疾病的羔羊一定要给予及时治疗。

(4)对大羊奶水不足、一胎多羔,大羊奶水无法满足羔羊生长发育需要的,养殖户一定要对羔羊做到早开食,通过人工辅助哺乳15天以后,在继续给予人工协助哺乳的同时,要及时引导训练羔羊及早采食精料,以补充奶水缺乏的不足,确保羔羊正常生长发育的需要,提高新生弱羔羊的成活率。

39.如何选购羊肉?

(1)通过有无肉品检验滚动章和盖章日期判断羊肉的新鲜程度与质量。一般情况下如果销售门店正规,滚动章完整和显示日期在当天,羊肉的质量和新鲜程度应该没有问题,可以放心选购,否则就要慎重选购。

(2)通过手感判断羊肉的新鲜程度与质量。一般情况下新鲜优质的羊肉富有弹性,当我们用手指按压的时候羊肉柔软有弹性,当将手指移开时羊肉会慢慢恢复原状,如果发现羊肉既不是冻肉,又无弹性时最好不要选购。

(3)通过羊肉的颜色判断羊肉的新鲜程度与质量。一般情况下新鲜优质的羊肉颜色为粉红色,如果发现羊肉颜色发紫、发青、发灰,最好不要选购。

(4)通过脂肪的颜色判断羊肉的新鲜程度与质量。一般情况下新鲜优质羊肉的脂肪是正白色,如果发现羊肉的脂肪颜色发黄、发青、发灰时,最好不要选购。如果羊肉脂肪发黄时,有可能这只羊曾经做过种用,烹调时会有很大的膻味,而且不容易煮烂。

(5)通过羊肉的横断面判断羊肉的新鲜程度与质量。一般情况下新鲜优质羊肉横断面的组织结构比较清晰,能清晰地看到羊肉纤维结构,结缔组织、血管、神经分布均匀。如果发现羊肉的横断面模糊不清,最好不要选购。

(6)通过羊的骨骼判断羊的年龄大小。一般情况下羊的肋骨宽度在1厘米以内,可以判断这只羊的年龄在6个月左右;如果肋骨的宽度在1厘米以上,可以判断这只羊的年龄在一岁左右;如果肋骨的宽度在1.5厘米以上,可以判断这只羊的年龄超过了一周岁。消费者可以按照自己的需要选购,如果以黄焖、红烧、爆炒方式烹调,应选购半岁左右的羊羔肉;如果以炖汤、手抓、清炖、涮羊肉方式烹调,应选购一岁以上的羊肉。

另外,炖煮羊肉时在汤中适当放点白萝卜片、橘子皮、白葱,有利于除去羊肉的膻味。

40. 羊群在配种前需要做好哪些准备工作?

羊群在配种前的准备工作主要是针对母羊而言。母羊群在配种前的准备工作越细致、越扎实,母羊的受胎率、羔羊的繁殖成活率就会越高,养殖户的经济效益也会随之提高。所以,认真做好配种前母羊群的相关准备工作,对养殖户来讲尤为重要。

(1)要提前做好母羊群的整群工作。通过整群可适时调整饲养管理方式和饲草料种类及供给数量,以满足不同类型羊只的需要,确保母羊具备受胎怀孕的条件。

(2)要提前做好母羊群相关疫苗的预防接种工作。以防某些疫苗在怀孕期注射后的应激反应,导致怀孕母羊流产,给养殖户造成经济损失。

(3)要提前做好母羊群的驱虫工作。以防怀孕期的母羊因寄生虫疾病的发生引起流产,给养殖户造成经济损失。

(4)提前将经产母羊与初配母羊分群管理。以保证在配种工作中区别对待,最大限度地确保经产母羊与初配母羊的受胎率。

41. 母羊产后多久配种比较适宜?

目前,甘肃省肉羊生产的基础母羊以小尾寒羊及其杂交后代数量较多。按照正常的饲养管理条件,母羊在分娩后40~60天配种比较适宜。具体应该根据羊的营养膘情、年龄、胎次、管理水平、羔羊断奶时间来确定。羊的膘情好,饲养管理水平高,母羊可在产后30日龄左右发情,此时可以进行适时配种。饲养管理水平一般的,可以在产后60~90日龄内根据发情适时配种,可实行一年两产或者两年三产繁殖制度。

如果是引进的国外肉羊或者及其杂种,那么就可以在产后90~120日内配种，实行两年三产。本地土种羊一般在羔羊断奶以后逐步恢复膘情，继而发情配种。

42.母羊产羔后没奶怎么办？

饲料品质方面要注意蛋白质的比例，一般应在14%以上；现有饲料20%的油渣比例偏低，加至25%~30%为宜，或者适量加点豆饼；带羔母羊精料饲喂量调至0.75千克/只·天，增加营养；保障优质青干草自由采食、自由饮水；另外辅助为母羊热敷乳房，每天早晚各一次，以促进泌乳。

43.给奶羊喂肉羊浓缩饲料能提高奶产量吗？

可以。但应注意：

(1)母羊产奶量低，主要是由于现用饲料营养水平太低造成的，而且肉羊浓缩饲料的营养水平高于现用饲料。使用肉羊浓缩饲料，在一定程度上提高和改善了母羊的营养水平。

(2)使用肉羊浓缩饲料提高母羊产奶量，只是权宜之计。从营养的角度提高母羊的产奶量，长远和理想的办法是按照泌乳母羊的饲养标准选择和配制饲料。

44.甘肃哪里可以购买波尔山羊？

波尔山羊在甘肃各地均有分布，如陇东的环县、中部的会宁、河西的肃南等县都有饲养。但饲养规模较小，供种能力有限。请养殖户根据自己所在的地，就近咨询当地畜牧局就地调剂。

45.怎样保障羔羊在哺乳期健康成长?

在肉羊产业快速发展的大潮中,肥羔生产占有越来越重要的地位。羔羊能否在哺乳期健康发育,直接关系到肉羊产业的质量和效益。为了保障羔羊在哺乳期健康成长,应该做好以下几方面的工作。

(1)吃足初乳

羔羊出生后24小时内,要保证让羔羊及时、足量地吃到初乳,越早越好。

(2)及早补饲

一般在10日龄左右,开始诱导羔羊吃草吃料。开始时每天每只羔羊喂0.05千克,到20日龄以后逐渐达到0.25千克/只·天,最好采用代乳料。

(3)人工哺乳

主要有奶山羊代乳、加喂牛奶等方法。牛奶喂量视羔羊大小和母乳多少而定,开始300~400毫升/天·只,逐渐加到1600~1800毫升/天·只。

(4)保障运动

羔羊饲养的环境要求干净,场地宽敞,光照充足,通风良好。创造便于羔羊奔跑、攀爬的条件,以促进羔羊健康发育、快速生长。

46.饲养母羊应注意哪些问题?

母羊的饲养管理情况对羔羊的发育、生长和成活影响很大。

(1)怀孕母羊

饲养管理的任务是保好胎,使胎儿发育良好。怀孕母羊饲养管理不当,容易引起流产和早产。怀孕母羊严禁饲喂发霉、变质、冰冻或其他异常饲料,禁忌空腹饮水和饮冰碴水;日常放牧管理中切忌惊吓、急跑、爬沟等剧烈动作,特别在出入圈门或补饲时,要防止相互挤压。母羊在怀孕后期不宜进行防疫注射。

（2）哺乳母羊

母羊产后即开始哺乳羔羊。为了提高母羊泌乳力，应给母羊饲喂较多的鲜干青草、多汁饲料和精料，注意矿物质和微量元素的供给。哺乳母羊的圈舍必须经常打扫，保持清洁干燥，胎衣、毛团、石块、烂草等要及时扫除，以免羔羊舔食而引起疾病。经常检查母羊乳房，发现有奶孔闭塞、乳房发炎、化脓或乳汁过多等情况，及时采取相应措施予以处理。

47. 夏季如何做好羊群的防暑工作?

进入夏季，随着气温的不断升高，尤其是进入暑伏季节，持续高温和一些特高温极端天气的突然出现等，加之绵羊喜冷怕热的生理特性，如果养殖场和养殖户不能及时采取行之有效的防暑应对措施，非常容易引起羊中暑而导致不明原因的突然死亡，中暑严重时往往会导致多个羊的死亡，给养殖场和养殖户造成无法弥补的损失。建议以舍饲为主的养殖场或养殖户在夏季高温季节可以通过以下措施做好羊群防暑工作，保证羊群安全度过夏季高温季节。

（1）在羊群的运动场上方搭建遮阳网，黑色效果更好。

（2）在羊舍的前后墙都设通风口，保证空气对流顺畅。

（3）要掌握合理的饮水时间，增加饮水次数，一般应当选择在早晨喂料以后和中午气温最高的时段，可对羊发挥降温作用，同时防止羊因高温而发生脱水。

（4）在高温季节到来之际，要及早调整羊密度，以降低羊舍内温度。

（5）对羊群管理采取与冬季相反的管理方式进行管理，即白天气温高的时候尽量让羊进入通风条件好的羊舍内休息，晚上气温相对低的时候尽量让羊在羊舍外的运动场休息，有利于充分发挥羊自身对温度的调节功能。

（6）对重点羊在高温季节要重点管理，尤其是种公羊等羊由于体格大、膘情肥，自身对温度调节难度大，对高温的耐受力差，所以要重点管理，在温度持续较高的时候应当注意每天给公羊洗澡。

(7)要及时给羊剪毛,一般应当选择在立夏前后较为合适。当羊处在光身阶段时对温度的调节功能比较灵敏,有利于促进体内外温度的及时调节,防止羊中暑。

48. 如何给羊饲喂多汁饲料?

羊常用的多汁饲料有胡萝卜、马铃薯、甜菜、甘蓝、萝卜、西葫芦、南瓜及青贮饲料等。这类饲料松脆多汁,含有丰富的维生素和糖类,粗纤维少,适口性好,容易消化,能促进泌乳,增进健康,是羊越冬期间不可缺少的饲料。饲喂时,应洗净,切成小块或片状、丝状,块大容易造成食道梗塞。发芽的马铃薯不能喂羊,容易发生龙葵素中毒。

49. 如何在羊饲料中添加油渣?

油渣的种类有胡麻渣、菜籽渣等多种,大多数油渣作饲料都有不同程度的毒性,在稳定用作饲料时,应该兼顾油渣的品种和羊的生产阶段不同而有所差异。如使用菜籽油渣,怀孕母羊、羔羊精料中的添加比例控制在10%以内,其他类羊可以搭配到15%~20%;相比菜籽油渣,胡麻油渣的毒性小、品质好,怀孕母羊及羔羊精料中的添加,最高可提高到15%,其他类羊最高可达30%。

50. 如何科学配制牧区舍饲羊的饲料?

在牧区禁牧、舍饲的情况下,如何合理配料、科学养殖、降低养殖成本、提高养羊的经济效益已成为一个突出的问题。

(1)牧区舍饲养羊饲料配制的原则

传统的养羊多以放牧或放牧加补饲的方式为主,很少涉及饲料的科学配制,而在舍饲条件下,由于肉羊的饲料全部来自人工提供,因此饲料的配制是否科学合理,直接影响到羊育肥的效果和养殖成本,配制肉羊舍饲育肥日粮的原则为：

①根据羊在不同饲养阶段和日增重的营养需要量进行配制，目前各国都依据本国制定的饲养标准配制日粮，因绵羊和山羊各有特点，该注意羊品种的差别。

②根据羊的消化生理特点，合理地选择多种饲料进行搭配，并注意饲料的适口性。采用多种营养调控措施，以提高羊对纤维性饲料的采食量和利用率为目标，实行日粮优化设计。

③要尽量选择当地来源广、价格便宜的饲料来配制日粮，特别是充分利用农副产品，以降低饲料费用和生产成本。

④饲料选择应尽量多样化，以起到饲料间养分的互补作用，从而提高日粮的营养价值和利用率，达到优化饲养设计的目标。

⑤饲料添加剂的使用，要注意营养性添加剂的特性，比如氨基酸添加剂要事先进行保护处理。

(2)精饲料的配制技术

对于育肥羊，配合饲料比单独喂养某一种或几种简单混合的饲料育肥效果要好，主要表现在饲料转化率高和肠胃病少。因此对于精料的配制，要做到饲料品种多样化，同时要充分利用价格低廉、容易取得的原料。任何一种谷物类饲料都可用来育肥羔羊，但效果最好的是玉米等高能量饲料。在使用玉米配制饲料时，要注意玉米不能加工过细，破碎一下即可。对于蛋白质饲料，可以选择一些价格相对低廉的杂粕和优质豆粕结合使用。

羔羊育肥饲料配方：玉米62%，麸皮12%，豆粕8%，棉粕12%，石粉1.8%，磷酸氢钙1.2%，尿素1%，食盐1%，预混料1%。该配方蛋白质18%，羊消化能12.94兆焦/千克。

舍饲强度育肥精料配方：

前期20天：玉米46%，麸皮20%，棉粕或菜粕30%，石粉1%，磷酸氢钙1%，食盐1%，预混料1%。该配方蛋白质18.5%，羊消化能12.78兆焦/千克。

中期20天：玉米55%，麸皮16%，棉粕或菜粕25%，石粉1%，磷酸氢钙

1%，食盐1%，预混料1%。该配方蛋白质16.8%，羊消化能13.00兆焦/千克。

后期20天：玉米66%，麸皮10%，棉粕或菜粕20%，石粉1%，磷酸氢钙1%，食盐1%，预混料1%。该配方蛋白质15%，羊消化能13.20兆焦/千克。

对于预混料的使用，由于一般的养殖场和养殖户都不具备自配的条件，建议选择正规、信誉较好的厂家购买使用。

(3)粗饲料的合理搭配

考虑到舍饲养羊成本较高的问题，为提高育肥效益，应充分利用天然牧草、秸秆、树叶、农副产品及各种下脚料，扩大饲料来源。粗饲料是各种家畜不可缺少的饲料，对促进肠胃蠕动和增强消化力有重要作用；它还是草食家畜冬春季节的主要饲料。新鲜牧草、饲料作物以及用这些原料调制而成的干草和青贮饲料一般适口性好，营养价值高，可以直接饲喂家畜。低质粗饲料资源如秸秆、秕壳、荚壳等，由于适口性差、可消化性低、营养价值不高，直接单独饲喂给反刍动物，往往难以达到应有的饲喂效果。为了获得较好的饲喂效果，生产实践中常对这些低质粗饲料进行适当的加工调制和处理。肉羊推荐日粮配方：

配方1：禾本科干草或秸秆0.5千克，青贮玉米4千克，精料0.5千克。此配方日粮中含干物质40.60%，粗蛋白质4.12%，钙0.24%，磷0.11%，代谢能17.97兆焦。

配方2：禾本科干草或秸秆1千克，青贮玉米0.5千克，精料0.7千克。此配方日粮中含干物质84.55%，粗蛋白质7.59%，钙0.60%，磷0.26%，代谢能14.38兆焦。

有饲料加工条件的地区饲养的肉羊可利用颗粒饲料。颗粒饲料中，秸秆和干草粉可占55%~60%，精料占35%~40%。

51. 如何做好舍饲羊的日常饲养管理？

(1)分群饲养管理

舍饲养羊应按照工厂化生产模式，把不同年龄、不同品种、不同体况的羊分群饲养，设立专门的产房和羔羊舍、肉羊舍、母羊舍、公羊舍、病羊隔离舍等，并配以相应的饲养管理措施。

(2)加强舍外运动

羊每天保持充足的运动，才能促进新陈代谢，保持正常的生长发育。

(3)饲养密度要合理

羊属反刍动物，一天中要有较长时间用来采食饲草和反刍。所以，圈舍中要有足够的槽位和活动空间，每只羊应有1.5~2.5米^{2}的活动场地。

(4)保证充足的清洁饮水

1天2~3次，也可采取自由饮水的方法。

(5)换料要有过渡期

调换饲料种类、改变日粮时应在2~3天内逐渐完成，切忌变换过快，不要喂湿、霉、变质饲料。

(6)合理的饲喂制度

肉羊饲料的日喂量根据羊的不同生长阶段而有差异，一般为1.5~2.5千克/只。每天投料2~3次，日喂量的分配与调整以饲槽内基本不剩料为标准，要做到饲喂定时、定量，并有专人负责。

重点在线 ZHONGDIANZAIXIAN

第3部分

猪的养殖技术

1.怀孕母猪夏季饲养应注意哪些问题?

(1)注意猪舍温度

营造凉爽环境,预防舍温过高。应配有遮阳、通风等设备,防止中暑及其他热性应激疾病的发生。可向舍内喷洒凉水,但不要直接喷在母猪身上。在气温达到30℃以上时,可采取安装空调、电风扇等措施,迅速降温,以防造成死胎。

(2)注意合理安排妊娠母猪的饲养密度

在7~9米^{2}母猪舍内,妊娠前期最多养4头,到妊娠后期最多不超过2头,最好单独分栏饲养,这样可以避免以强欺弱,采食不均,造成胎儿生长不整齐,也可避免因高温烦躁而相互咬架和碰撞,导致死胎增多或流产。如附近有草地,可经常赶母猪去活动,增强母猪的健康,到产仔时,可缩短产仔时间。

(3)注意预防疾病传染

在转移产房前,对母猪全身用2%的高锰酸钾溶液消毒清洗并晾干。同时对产房清洗和消毒,以利于仔猪健康成长。夏季妊娠母猪容易生虱子和疥癣,母猪遭蚊子、苍蝇、毒虫等侵袭,不但影响休息,妨碍胎儿健康生长，还会传染疾病，因此，门窗应安装纱网防蚊蝇。

（4）注意避免产生应激反应

妊娠母猪最怕惊吓，夏季受惊后更易产生应激反应。因此猪舍的周围环境应保持安静。此外，夏季不宜大批长途运输母猪，以免拥挤受热应激死亡。如要短途运输时也应在凉爽的阴天或夜间进行。

2. 母猪临产前，该注意哪些问题？

（1）饲养方面

①变换饲料

母猪产前10~15天，逐渐改喂哺乳期饲粮，防止产后突然变料引起消化不良和仔猪腹泻。

②加减饲料

如果母猪膘情好，乳房膨大明显，则产前1周应逐渐减少喂料量，至产前1~2天减去日粮的一半；并要减少粗料、糟渣等大容积饲料，以免压迫胎儿，或引起产前母猪便秘影响分娩。发现临产症状时停止喂料，只喂豆饼麸皮汤。如母猪膘情较差，乳房干瘪，则不应减料，而且还要加喂豆饼等蛋白质催乳饲料，预防母猪产后无奶。

（2）管理方面

①去除体外寄生虫

如发现母猪身上有虱或疥癣，及时灭除，以免分娩后传染给仔猪。

②转入产房

临产前3~5天将母猪转入产房，使它熟悉和习惯新环境，避免临产前激烈折腾造成胎儿临产窒息死亡。但也不要过早地将母猪迁入产房，以免污染产圈和降低母猪体力。

③适量运动

产前1周应停止远距离运动，改为在猪舍附近或运动场活动，避免因激烈追赶、挤撞而引起的流产或死胎。

④注意观察

母猪分娩前1周即应随时注意观察母猪动态，加强护理，防止提前产仔、无人接产等意外事故。

3. 母猪产后不吃食是什么原因造成的？该怎么预防？

（1）不吃食的原因

①产后喂料过多、饲料浓度太大，造成母猪厌食。

②母猪产后吞吃了胎衣，造成消化不良，不愿吃食。

③产后精粗饲料过多、青饲料太少，造成母猪大便干燥而食欲减退。

④母猪产后疲劳过度而引起食欲减少。

⑤母猪产后由于产道损伤，被细菌感染而发生炎症不吃食。

（2）预防措施

①给予营养丰富和易消化的饲料，精料、粗料、青料合理搭配，使母猪膘情适中，不要过肥或过瘦。

②产前7天用5%的石灰水消毒圈舍，避免母猪生产过程中细菌感染。

③母猪产出的胎衣要及时清理，不让母猪吞食。

4. 如何降低猪的饲养成本？

饲养成本占到养猪成本的70%左右，所以降低猪的饲养成本是提高养猪效益的关键，也是畜牧工作者和广大养殖场户追求的目标之一。

（1）根据猪的营养需要及气候特点制定饲粮配方

因为饲料成本占养猪总成本的70%左右，是最具挖掘潜力的部分，所以，必须根据猪不同生长阶段的营养需要，科学地选用或配制饲料，如专用哺乳仔猪料、防止断奶应激的教槽料、保育料、生长肥育猪料、哺乳母猪料等。另外，还要随季节变化调整饲料配方。一年四季气温不同，猪对营养的需要也不同，如冬季用高蛋白配方，会造成蛋白的浪费，夏天用高能配方会造成能量的浪费等。比如一个万头猪场，若能及时调整配方，使全群料重比从3.5降到3.4的话，一年就可节省饲料90吨。不少养猪户在猪价低迷时，刻意选用价低质不优的饲料或预混料，或以大量菜籽粕、棉籽粕等代替豆粕，以为这样就可以节省养猪成本、减少损失，其实这很可能是适得其反的做法。

（2）把好饲料收购关

对无质量保证，以及含水分较高的饲料，坚决不收购，同时，要拒绝收购人情饲料。在购买高蛋白饲料特别是鱼粉时，一定要先抽检、验质后再进货。否则，价格再低也不能进，以防上当受骗。

（3）把好饲料储运关

饲料入库前，仓库要保证通风干燥，设施完善。全场要定期灭鼠除虫，以减少不必要的饲料损失。在运输过程中，对包装和装卸的设施，力求严密，以免散失饲料。饲料入库时，保管员要先行入库核实，对饲料的含水量进行测定，超过规定的限度，必须晒干并等散热后，方能储存，以防霉烂变质。

（4）对饲料的配制和加工混合把关

制定全价的饲料配方是促使猪健康生长的可靠保证。要严格按照所定的配方配置，认真对原料过磅称重是保证饲料营养水平的关键。为此，猪场应选择那些工作责任心强的同志担负全场饲料的配制和加工混合工作，不提倡把精料分给饲养员让其自行加工配制混合的方法。

5.怎样才能提高猪的出栏率？

提高肥育猪的出栏率，也就是提高猪的日增重和缩短肥育周期，用少量的饲料换取较多的猪肉，从而提高养猪的效益。

（1）充分利用杂种优势

不同品种杂交所得到的杂种猪，比纯种亲本具有较强的生活力，在生长肥育过程中，具有好喂养、生长快、抗病力强、育肥周期短等特点。试验证明，二元杂交猪，比纯种猪提高日增重15%~20%，三元杂交猪比纯种猪提高25%左右。目前甘肃省多采用长白与大约克杂交的母猪，再与杜洛克公猪杂交，从而获得最佳的三元杂交组合。

(2)提高仔猪初生重与断奶重

仔猪初生重大，说明仔猪在胎儿期生长发育好，在其后的生长过程中，体质健壮，患病少，好饲养，增重快，断奶体重大。一般情况下，断奶体重大的猪，在同样饲养管理条件下，将比断奶体重小的仔猪缩短肥育出栏期1~2个月。

(3)提供适宜的温度、湿度环境

猪舍的适宜温度范围应控制在小猪20~30℃、成猪15~20℃，湿度以控制在50%~55%为宜。温度、湿度过高，会导致猪的采食量减少，日增重下降；温度过低，则热能消耗大，采食量多，而饲料报酬低。

(4)供给充足、洁净的饮水环境

水是猪生长发育所必需的重要物质，猪的饮水量因体重、饲料和气候条件的不同而不一样，一般体重大，喂料越干，气温越高，则饮水量就越多。供给的饮水必须充足、洁净。

(5)饲喂采取“四定”

即定饲喂次数、定饲喂时间、定饲喂量、定饲养标准。饲喂次数要根据猪的不同生长阶段来确定，仔猪一般日喂5~6次，中猪4~5次，大猪3次。饲喂时间，每天要相对固定。饲料喂量，每次要保持均衡。饲养标准，要根据猪的体重和生长阶段，调配不同的日粮配方。

(6)合理的饲养密度

猪的饲养密度应根据猪的大小和不同季节而进行调整，一般以每头肉猪占0.8~1.0米^{2}为宜。3~4月龄每头肉猪需要占0.6米^2，4~6月龄每头肉猪需要占0.8米^2，7~8月龄占1米^2。大猪在夏季每头猪一般占用1.1~1.2米^2，冬季占用0.9~1.0米^2。

(7)实行同窝原圈饲养

仔猪从出生到肥育出栏，实行同窝原圈饲养，比仔猪断奶后移圈混养效果好。由于减少了应激刺激，可提高日增重7%~8%，缩短肥育出栏期20~30天。

(8)早去势

去势后可使仔猪性情安静温顺,食欲增加,生长速度加快。去势日龄越早,对仔猪造成的应激影响越小,一般以20~25日龄去势为宜。试验证明,这个日龄比60日龄断奶后再去势的仔猪,可提高日增重5%~6%,缩短育肥期15~20天。

(9)适时进行防疫和驱虫

对肥育猪要严格按照科学的卫生防疫程序进行猪瘟、猪丹毒、猪肺疫等病的疫苗预防注射和药物驱虫工作,以确保猪的健康和实现养猪的高效益。

(10)适时出栏

当肥育猪的体重达到110千克左右时即可出栏。

6. 提高仔猪成活率和窝重的途径有哪些?

(1)吃足初乳,提高抗病力

因初乳中含有免疫抗体,每头仔猪特别是弱小仔猪需要人工辅助吃初乳。因仔猪小肠黏膜在出生后24小时内具有吸收免疫球蛋白的能力,所以在出生后24小时内吃足初乳尤为重要。

(2)固定乳头

母猪乳房无乳池,靠前几对乳房乳汁多,而仔猪又有固定乳头吃乳的习惯。根据这一特性,根据仔猪大小、强弱,人为给仔猪固定乳头。将体弱、体重较小的仔猪放在靠前2对乳头吃乳,体强、个体大的仔猪放在靠后2对乳头吃乳,连续人工辅助2~3天就可固定下来,保证每头仔猪都能吃到初乳,全活全壮。

(3)保温、防冻、防压

初生仔猪由于皮下脂肪薄,被毛稀,体温调节能力差,活动力差。保温是防止仔猪受冻、腹泻和提高成活率的关键。仔猪出生1~3日龄活动力差,应加强护理,防止母猪压死仔猪。

(4)消毒

对母猪乳房和会阴保持干净,吃乳前用带消毒液的毛巾擦干净再吃乳,防止病从口入。

(5)补充铁、硒

仔猪出生时体内贮存的铁约50毫克,每升母乳中含铁1毫克/头,仔猪生长每天需要铁7毫克,必须补充铁以满足仔猪快速生长的需要,若供应不足会导致生长发育不良,缺铁性贫血、腹泻。每头仔猪出生3日内补铁150毫克,0.1%亚硒酸钠维生素E注射液1毫升,10日龄再补铁200毫克。

7.后备母猪的饲养管理需要注意哪些问题?

(1)膘情控制和公猪诱导

后备母猪在60千克前应让其充分发育,60千克后到配种前半个月要适当限制饲养,以防其过肥,每天喂料约2千克/头,日喂两次。后备母猪可使用生长肥育猪饲料。

后备母猪长到160日龄时,最好每天将母猪赶入成年公猪栏接触35分钟。成年公猪下颌腺分泌的外激素有助于诱导小母猪发情。

(2)短期优饲

在后备母猪配种前14天可加强饲养,实行自由采食,这样母猪可多排约2.5个卵,这对于提高初产母猪的窝仔数无疑有重要的作用。

(3)母猪至少二次发情时配种

小母猪的排卵数与情期数有关。初情时配种由于排卵数低而导致窝仔数低,由于初产母猪占全群母猪数约30%,因此其产仔性能如何,直接对全群产生大的影响。公猪诱导使其提早发情的重要目的也在于使其在配种前多几个情期。有的养猪场对所配小母猪的情期数无记载,这无疑是一种不正确的操作方法。

(4)单配复配和双重配

配种的最佳时间应在发情母猪允许公猪爬跨后的10~26小时。单配指在母猪发情中,只用公猪交配一次。这样虽然可减少饲养公猪的头数,但由于母猪的最适配种时间难以掌握，所以单配有可能降低受胎率和减少窝仔数。复配指在一个发情期中，用同一头公猪配两次，间隔时间为8~12小时。生产实践中也常用不同的同品种公猪间隔一定时间配两次。此种方法可使母猪生殖道内经常有活力较强的精子存在，增加卵子受精的机会，从而提高母猪的产仔数。双重配是指在一个发情期内，用两头同品种或不同品种的公猪在较短的时间间隔内（10~15分钟）与同一母猪配两次。此法可促进卵子加速成熟，缩短排卵时间，增加排卵数。但此法由于两次配种间隔时间短，常会产生与单配相似的缺点。

关于配种最佳时间的掌握，有四句谚语可供参考：阴户沾草，输精正好；神情发呆，输精受胎；站立不动，正好配种；黏液变稠，正是火候。

8. 母猪产后食欲不好，有哪些原因？

（1）饲养失调

母猪怀孕后期营养过剩，体躯过于肥胖，或产前1周至产后1周饲喂不当；妊娠期间饲料单一，营养水平过低导致蛋白质、维生素、矿物质缺乏或不足，特别是钙、硒、维生素B族、维生素E缺乏。

（2）生产应激

在现代化大规模养殖中，生产、免疫、追捕、驱赶、噪声、陌生、高温、高湿、通风不良等环境中均可导致应激的发生。

（3）供水不足或水质差

有的猪场由于管理疏忽，如饮水系统被阻塞，时间一长导致缺水，随后引起胃肠疾病。

（4）普通病

寄生虫、胃肠炎、胃溃疡、便秘、内分泌失调等在生产应激的诱导下病情加重。产程过长，特别是难产时助产不力、不当等均可继发本病。

（5）产后护理不当、产后感染

各种病原微生物，如大肠杆菌、棒状杆菌、葡萄球菌、链球菌、放线杆菌等，常常感染生产母猪，引起消化吸收机能紊乱而不食。

（6）其他疾病

非典型猪瘟、蓝耳病、饲料霉变等。

9.母猪产后食欲不好怎么办？

（1）预防

①加强饲养管理

A.用全价日粮饲喂母猪，注意母猪膘情，八成膘为宜。加强母猪在妊娠期的运动管理，增强体质。在有条件的情况下给予充足青绿多汁饲料。

B.加强妊娠母猪特别加强围产期母猪的饲养管理，产前1周每天按妊娠后期料量的七分之一递减，产仔当天禁食或仅饮给麸皮水、产后1周之内每天按0.5千克的饲料量递增。产后第8天至断奶前3~5天，在保证旺盛食欲的基础上足量供食。断奶前3~5天迅速减料。

C.加强产仔母猪的环境控制，防暑降温，清洁卫生，通风，避免惊群，减少噪声。

D.经常检查饮水系统，供给充足清洁的饮水。

E.做好免疫预防工作，以免疫为主导，加强卫生消毒工作。做好猪场的免疫监测工作。

F.做好饲料采购、贮存工作，严防饲喂发霉变质饲料。

②合理药物预防，有针对性投药

A.母猪产前3天至产后7天饲料中添加“必喜素”或针对当前季节流行病（圆环病毒、附红体）产前净化：蓝圆康泰+虫菌净+速复欣+病毒清。

B.产前7~10天，肌肉注射0.1%亚硒酸钠维生素E注射液10毫升。可长期在母猪饲料或水中添加2%的小苏打。夏季可同时再加入适量藿香正气散或藿香正气水（针对性投喂时每头母猪可喂3~5倍成人量，尤其在分娩前1小时）。

C.产前产后用0.1%高锰酸钾溶液清洗消毒乳房及外阴后躯。

D.产后待胎衣排出，根据情况，可肌肉注射催产素5毫升，并且肌肉注射保康素8~15毫升。

E.产前10天用虫可灭按每千克体重标准量给药一次。

F.产前7天转入产房前，淋浴洗澡，然后用2%敌百虫或1%~3%速洁喷洒全身。

（2）治疗原则

①改善饲养管理，加强环境控制，减少应激因素。

②控制感染，防止继发感染，检查有无乳腺炎、产道炎症。

③调理消化机能，促进代谢，恢复食欲。

（3）具体用药

①应用维生素B_1+福斯200+亚硒酸钠+维生素E拌料。

②便秘时灌服小苏打、硫酸钠等，同时用温肥皂水或植物油深部灌肠。另外若有发烧现象必须同时肌肉注热毒立克+蓝圆康泰+弓链速效（可能量会大一点）。

③黄疸时应用维生素K_3，若灌肠后便通仍不吃，可输液（胃腹安、牛磺酸、容大胆素、维生素B_1、青霉素、蓝圆康泰）。

10.母猪吃仔是什么原因？

在养猪实践中，有时出现母猪吃掉或咬死自己生的仔猪现象。发生这种情况一般有以下几种原因：

（1）长期喂料不足，饲料单一，缺乏蛋白质、某些矿物质和维生素，母猪对这些物质非常需要，再加上饥饿，就会吃仔猪，这种情况多见于年老瘦弱的母猪和初产母猪。

（2）母性强，曾经吃过别窝的小猪或有异味的小猪，或吞食过胎衣、流产胎儿或死猪，养成了吃仔恶癖。

（3）产仔前未喝足水，产仔过程中口渴而吞吃初生仔猪。

（4）个别初产母猪未见过仔猪，以为仔猪要伤害自己，有恐惧心理。这种母猪见到仔猪时，往往眼睛瞪得很大，随时准备出击。一旦仔猪靠近它，不是被咬死，就是被咬伤。

11.母猪吃仔怎么办?

(1)加强母猪妊娠期的饲养,尽量饲喂全价妊娠母猪料,或几种饲料按比例混合饲喂。

(2)认真做好接产工作,做到母猪产完仔后再离人,及时清除死胎和胎衣,不让母猪吞食。

(3)不要让仔猪串圈。

(4)产前让母猪喝足水,如产仔时间过长,中间可给予适量温水解渴。

(5)有吃咬仔猪恶癖的,可戴上笼嘴,喂食时取下,吃完食再戴上,或者将其淘汰;对于为了防卫而怒视仔猪的母猪,可把大部分仔猪放在护仔箱内,饲养员捉二头仔猪让母猪在远处观看,待母猪放松警惕时,再移近一些,如此训练几次,母猪觉得仔猪不会伤害自己,就不会咬仔猪了。

12.如何识别母猪泌乳量的高低?

母猪泌乳量的高低,与仔猪断奶前生长发育的快慢关系极大。识别母猪的泌乳量的高低,可以从以下几方面判断:

(1)泌乳充足的母猪所带仔猪,生长发育快,被毛光亮,特别是20日龄时的窝重大(通常将此指标定为母猪的泌乳力)。

(2)母猪乳头下垂,放乳前后乳房体积差异显著。

(3)母猪放乳时间长,仔猪嘴边可见乳汁溢出,不乱抢乳头。

(4)仔猪上料时间晚,则表示母猪泌乳能力好。

(5)如果母猪乳头常被仔猪咬破,则泌乳量不足。

(6)母猪掉膘快则泌乳量高。但如果没有良好充足的饲料供应,则这种高泌乳量不能持久。

13.怎样饲养好哺乳母猪?

要采用低妊娠(妊娠期营养喂量要低)、高泌乳(泌乳期营养要高)的饲养方式。

哺乳母猪的饲养目标,一是提高仔猪断奶头数及断奶窝重;二是保持泌乳期正常种用体况,即母猪28天断奶时,失重不超过12千克(失重量应为母猪产后体重的12%~15%为宜)。过度的失重会延长离乳后发情期,还可引起下胎产仔数减少,其后果是严重的。因此,必须围绕上述目标采取饲喂策略。

(1)合理提高采食量

为使母猪达到采食量最大化,可分别采取以下措施:第一种是实行自由采食,不限量饲喂,即分娩3天后,逐渐增加采食量的办法,到7天后实现自由采食;第二种是做到少喂勤添,实行多餐制,每天喂4~8次;第三种是实行时段式饲喂,利用早、晚凉爽时段喂料,充分刺激母猪食欲,增加其采食量。不管是哪种饲喂方式都要注意确保饲料的新鲜、卫生,切忌饲料发霉、变质(酸败)。为了增加适口性,可采取湿拌料的方法。

(2)供给充足清洁水

夏季哺乳母猪的饮水需求量很大。因此,母猪的饮水应保证敞开供应。如果是水槽式饮水则应一直装满清水。如果是自动饮水器则要勤观察检查,保证畅通无阻,而且要求水流速、流量达到一定程度。饮水应清洁,符合卫生标准。饮水不足或不洁可影响母猪采食量及消化泌乳功能。

(3)加强温度的调控

可以通过安装雨帘、换气扇、遮阳布、饲喂西瓜皮、清热中药等方式防暑降温。

母猪产后前5天应给予稀料,2~3天后饲喂量逐渐增多,5~7天后改喂拌湿料,按正常量喂。一般在妊娠期给料基础上,每带一头仔猪,外加0.4千克左右的料。

断奶前3~5天逐渐减少饲料量,并注意乳房膨胀情况,膨胀大了要多减料,以防发生乳腺炎。

在管理上:做好冬季防寒,夏季防暑。要注意乳头均匀利用,在仔猪数少于乳头数时,应训练仔猪吃几个乳头,特别要训练吃后部的乳头,否则会引起后部乳头萎缩,以后失去作用。

14.妊娠母猪的饲养方式有哪些?

妊娠母猪的饲养方式大体分为三大类:

(1)"抓两头顾中间"的饲养方式

这种方式适用于断奶后体瘦的经产母猪。这一类母猪经过分娩和一个哺乳期后,体力消耗很大,为使其能担负起下一阶段的繁殖任务,必须在妊娠初期加强营养,使其恢复繁殖体况。待体况恢复后,逐步过渡到以青粗饲料为主,直到80天后,再加喂精料,以适应胎儿快速生长的营养需要。这种饲养方式,形成高-低-高的营养水平,但妊娠后期的营养水平应高于前期。

(2)"步步高"的饲养方式

这种方式适用于初产母猪和哺乳期配种的母猪。整个妊娠期间的营养水平,按胎儿体重的增长而逐步提高。一般在妊娠初期以青粗饲料为主,以后逐步增加精料比例,同时增加蛋白质、无机盐饲料,到产前3~5天,减少日粮的10%~20%。

(3)"前粗后精"的饲养方式

这种方式适用于配种时体况较佳的母猪,妊娠前期适当降低营养水平,到妊娠后期再按饲养标准饲养,以满足胎儿迅速生长的需要。

对妊娠母猪采用限制饲喂较好,每天的喂量,应据母猪的体重、年龄、环境温度和上述饲养方式而定。经产每只母猪在整个妊娠期要求增加体重25~35千克(包括胎儿重、子宫内容物重),初产母猪要求增加体重30~45千克/头。为此,一般日喂1.5~2.5千克/头饲料为宜。

15.怎样管理好妊娠母猪?

妊娠母猪管理的中心任务是做好保胎工作,保障胎儿正常发育,防止机械性流产。

(1)配种后

母猪由好动变得好静,休息时间增多,妊娠后期每天有70%~80%的时间休息,因而,日常管理中要防止惊吓和骚扰等刺激。

(2)合理分群

最好是单圈或单栏饲养,即使群饲,应在配种时合群,使彼此在妊娠前即已熟悉。饲养密度不宜过大,应根据母猪体重大小,确定每头母猪占有的空间。一般每头母猪平均占有圈舍面积不低于1.6~1.7米^2。

(3)充分供应饮水

妊娠母猪的日需水量较大,供应充足、洁净的饮水是必要的,尤其是在炎热的夏季,饮水更为重要。

(4)讲究饲料质量和饲养卫生

凡霉变、腐败、冰冻、有毒性和刺激性的饲料,均不能饲喂母猪,以防流产。饲料供应要均衡、稳定,不能频繁变动。妊娠母猪的代谢旺盛、食欲好,可以利用青粗饲料,但要防止体积过大,粗纤维过多。还应注意饲料的加工调制,增加饲喂次数。

(5)注意防暑与保暖

夏季气候炎热,应注意做好防暑降温工作,雨雪天或严寒天气,应停止运动,以防滑倒和受风寒。

16. 如何做好妊娠母猪的分娩管理?

母猪的妊娠期大约是114天。计算预产期的方法是将配种日期的月份加4,日期减10。如4月20日配种的母猪,它的预产期是8月10日。依这个方法计算的妊娠期是112天。遇到2月份和连续两个“月大”(31天)的情况时,要做适当的调整。

分娩是妊娠母猪的一个正常生理过程。母猪在产前20天乳房开始由后向前逐渐增大,至产前则乳梗膨胀呈潮红色。用手挤时,有时有乳汁流出。当发现母猪衔草做窝、频频排尿、行动不安、食欲减退或不吃时,一般在6~24小时分娩。此时应准备好保育箱(或草窝)、照明灯、毛巾、消毒用的碘酒、棉花等接产用具，并有人值班观察。当乳房乳汁由前向后逐渐由稀变浓时，母猪将在5~24小时分娩。如羊膜破裂，流出黏性的羊水时，则马上就要产出仔猪。

在整个分娩过程中，母猪的子宫及腹部肌肉发生间歇性强烈收缩，逐渐将胎儿从阴道内压出。母猪多在夜间安静时分娩。正常分娩过程约需2~4小时。母猪产前运动不足及分娩时周围环境的干扰，有可能延长分娩过程。

在母猪分娩前几天，应根据母猪的体况来决定是否减料。为防止母猪产后最初几天因奶水过多、乳汁太浓而造成初生仔猪消化不良，有时造成母猪乳腺炎，一般体况较好的母猪应适当减料。只有对体况较差的母猪，才维持原来水平或适当增加精饲料。

分娩当天应停止喂料。因为母猪在分娩过程中，由于子宫的收缩，造成消化功能紊乱或减弱。如果喂料，有时会引起呕吐。当仔猪全部产出后，可给母猪喂一些加盐的温水，或加入少量的麸皮，绝对不能过食，否则容易造成消化不良。直到产后5~7天，才可逐渐恢复到正常喂量。

17. 如何选择和控制母猪各阶段饲料？

母猪繁殖可分为后备期、断奶空怀期、怀孕前期、怀孕后期、哺乳期五个阶段。这五个阶段饲料的选择和控制应根据母猪的状况有所变化。

(1)后备期

后备母猪处于生长发育阶段，优质、营养全面的饲料对母猪的体型发育、生殖系统发育至关重要。小于6月龄的母猪在饲料选择中，大猪料(市面上销售的全价颗粒膨化料)1∶1配备青饲料，任其自由采食。6月龄至配种前的母猪选择市面上销售的全价颗粒空怀料，1∶1配备青饲料。此阶段严禁使用对生殖系统有危害的棉籽饼、菜籽饼及霉变饲料。适当限料饲喂，以防止母猪过肥，影响发情、排卵。

(2)断奶空怀期

空怀期指正常断奶到配种前这段时期。母猪断奶后一般1周左右发情配种。此阶段料的选择和控制不当会影响母猪的繁殖周期。空怀母猪往往在断奶后1~3天出现断奶应激，极易引起乳腺炎、高烧等病症。此时，结合断奶母猪的肥瘦控制日喂饲料量相当重要。每日2餐，定量饲喂，绝不能任其自由采食而引起上述病症。饲料亦不能突然改换，应选择市面上销售的大猪料或空怀料，断奶后3天内，将哺乳料逐渐换成空怀料或大猪料。适当增加轻泻性的麸皮和多汁嫩绿的青饲料。

（3）怀孕前期

是指从配上种到怀孕80天。此阶段料的控制对配种受胎、增加产仔数起促进作用。空怀母猪经配种后继续限量饲喂，定时定餐，每日饲喂2~2.5千克/头为宜（视母猪肥瘦体况而定），适当增加青饲料。喂至20天后，逐渐恢复母猪正常食料量。禁喂发霉、变质、冰冻、刺激性的饲料，以防流产。

（4）怀孕后期

是指怀孕80天后到胎儿分娩阶段。此阶段胎儿发育迅速，钙质、营养需要迅速增加。料选择不好极易引起母猪瘫痪、仔猪弱小多病。这个阶段就是平时所说的“攻胎”。饲料应是逐渐换成哺乳料，适当喂给骨头汤，若条件许可，可在每日的饲料中添加干脂肪或豆油。饲喂方式是定时定餐，定量采食，每日喂料以2.5~2.8千克/头为宜（视母猪膘情而定）。

（5）哺乳期

指母猪分娩至断奶这一阶段。哺乳期饲料的选择和控制是整个生产环节的重中之重。母猪产仔当天不喂料，产后喂些温的麸皮汤+生化汤丸（3~5丸/次）+红糖盐水，连喂2次，以促进恶露排出和迅速恢复体力。分娩后的第2天，喂给母猪1千克/头的饲料，以后每日增加0.5千克/头饲料，至4~5天恢复其正常的食料量。

18. 饲养密度对猪有什么影响?

饲养密度是指猪舍内猪的密集程度，用每头猪占用的面积来表示。饲养密度直接影响猪舍内的空气卫生状况，饲养密度大，猪散发出来的热量多，舍内气温高，湿度大，灰尘、微生物和有害气体增多，噪声加大。为了防寒和防暑，冬季可适当提高饲养密度，夏季可降低密度。饲养密度对猪的生长速度有较大影响。密度过大，猪过于拥挤，猪难以安睡，相互间的争斗增加，严重影响增重；密度过小，猪舍利用率降低，影响养猪的经济效益。对于农村养殖户来讲，较好的饲养密度应为每头猪占地0.8~1.0米^2，每圈10~15头。

19.怎样提高仔猪的成活率？管理上应注意哪些问题？

（1）提高仔猪出生重

提高仔猪出生重，关键在于搞好怀孕期母猪的饲养管理，尤其是调控好怀孕中后期母猪的营养，即怀孕中期应保持中等偏低的营养水平，后期应提高营养水平及饲喂量，让母猪吃得好，但不能过饱。

（2）搞好仔猪的护理

仔猪出生后，应做好固定乳头的工作，保证每只仔猪都能吃到、吃足初乳，尤其是较为弱小的仔猪要优先安排到前面几对乳头吃奶；做好仔猪的寄养工作，选择母性好的母猪作为寄养母猪，寄养可选择在晚上进行，最好先用寄养母猪的乳汁涂擦仔猪，以利于寄养；仔猪出生后，还应做好剪齿、剪尾工作，补充铁、硒，并及早训练开食补料。

（3）提高母猪泌乳力

怀孕母猪在分娩前几天应逐渐减料，分娩当天可只喂少量稀料，产后根据其采食和体况逐渐增加饲料，直至自由采食。夏季气温高，可采取少量多餐的方法饲喂。如果在母猪日粮中添加5%~10%的脂肪，能显著提高初生仔猪的活力和母猪的泌乳量。

（4）加强防寒保暖

仔猪刚出生时环境温度应保持在32~34℃，以后每周递减2℃直至26℃。寒冷季节可采用红外线保温灯、保温板、暖床、电热板等给仔猪提供适宜的温度。

(5)加强仔猪保健,预防疾病发生

为了提高仔猪的抵抗力,可在其出生后注射长效抗菌剂。搞好猪瘟、猪肺疫等疾病的防疫注射。做好仔猪红、白痢的预防。

20.怎样才能饲养好种公猪?

种公猪饲养管理的核心是要使公猪产生高品质的精液以及保持旺盛的配种能力。母猪的受胎率和窝仔数除与母体有关外,公猪的精液质量对其也有着很重要的影响。种公猪的饲养管理主要应抓好以下三个环节。

(1)满足营养需要

配种期间每日每头猪需料2.3千克左右,如果在冬季,增至2.5~2.8千克。日喂料量可根据种猪体况灵活掌握,以保持种公猪体况不肥不瘦、精力旺盛为原则。如果是季节性分娩,在配种旺季,还要给公猪增喂鸡蛋或鸭蛋,以提高公猪的性欲和精液品质。

(2)实行科学管理

公猪要实行单栏饲养,栏内要冬暖夏凉,保持干燥、清洁。公猪的饲喂、饮水、运动、休息、配种、刷拭、洗浴等活动,要制度化和规律化,不要轻易变动。配种最好在早晚喂饲前进行。一般要将公猪赶到母猪的运动场上配种而不要将母猪赶入公猪栏内配种。

(3)坚持合理利用

瘦肉型公猪的配种日龄一般不早于240天,体重不低于100千克。公猪的利用可分为高强度和中强度。前者每天配种2次,间隔8~10小时,连配2天休息1天。青年公猪的连配时间则要安排短一些。在公猪的利用中,最好不要超过高强度利用指标,否则精液量减少,品质降低,影响母猪受胎率和窝仔数,造成公猪的过早淘汰。

21.猪舍最佳温度是多少?怎样控制猪舍温度?

适宜的温度对猪的生长发育非常重要。一般猪舍的适宜温度:哺乳仔猪为25~30℃，生长猪20~23℃，成年猪15~18℃。

夏季气温过高，不仅影响猪的采食和增重，而且可能导致其中暑直至死亡，因此必须采取降温措施。方法是经常向地面喷洒凉水、圈外搭凉棚、设置洗浴池、通风、供足水等，防止中暑。另外，搞好绿化也有助于改善猪舍环境温度。冬季气温低，用于维持体温的能量增加，使饲料消耗增加，猪的增重减慢。采取保温措施，减少消耗，是提高冬季饲养效果的关键。

对于封闭式圈舍，保温措施包括吊顶棚、厚垫草、适当多装猪（增加密度）、舍内吃食，定时舍外排泄粪尿，利用猪体散热来保持舍内温度；对于敞圈养猪，保温措施是猪圈周围设置防风帐，堵抹猪圈四围的裂缝，防止贼风侵袭，另一方面适当增加饲养密度，垫草，温水温食喂猪等，减少体温散失。

22. 哺乳期仔猪个体差异较大，怎么办?

除了做好饲养管理等方面的技术外，必须给仔猪固定乳头。初生仔猪在哺乳阶段会形成固定一个乳头的习惯，这个习惯仔猪可以延续到断奶，所以养猪户完全可以利用这一行为特点，避免仔猪发生互相抢食的现象。仔猪固定乳头工作十分重要，此项工作做不好，不仅会使仔猪发生争抢乳头的现象，还会使仔猪由于哺乳时争抢乳头而吃不上母乳，进而影响仔猪的生长发育。因为母猪放乳的时间只有10~20秒，同时，由于仔猪争抢乳头，还会咬伤母猪奶头，使母猪不放乳而影响仔猪吸乳。

固定乳头工作，主要应在产后1~3天内做好，过晚再去做，可能就“固定”不好了。固定的方法是在母猪每次哺乳时，让弱小或留种的仔猪吃母猪前边2~3对乳头处的泌乳能力较高的乳头，而让强壮些的仔猪吸吮产奶较少的母猪后边的乳头，其他仔猪可以自由吸吮奶头。为了辨认方便，可以用漆涂在仔猪背上作为临时标记，3天后，小猪就可认定“自己的”奶头，不再乱争抢。

23.仔猪断奶后不吃食怎么办?

断奶对仔猪造成环境及饲料的巨大变化,使仔猪消化系统紊乱,采食不足,精神紧张,直接影响仔猪生长发育,导致发病率高。选择适宜的人工饲喂,正确配制全价乳猪饲料,每天可添加适量的酸化剂、益生菌(酵母)、酶制剂、小苏打等改善仔猪肠道及消化功能,2~3天能治愈仔猪采食不足。建议在断奶后1天不要添加任何食料,只给一些水,第二天稍微添加一点食料诱引仔猪,此后慢慢地增加,一直达到想要的效果。

24.母猪长期不发情怎么办?

先检查排除因为膘情、营养、疾病、年龄等因素可能造成的影响,若饲养管理正常,施以以下方法处理:

(1)按摩乳房,每天早上按摩10分钟,坚持3~10天。

(2)与公猪同圈饲养,通过异性诱导,促进排卵。

(3)注射雌性激素,如肌注绒毛促性腺激素等。

(4)加强运动,多晒太阳。

重点在线 ZHONGDIANZAIXIAN

第4部分

鸡的养殖技术

1.如何提高蛋鸡场的养殖效益?

(1)培育优质健壮的雏鸡

育雏期一定要按相应的饲养手册控制温度和光照。一般来讲,育雏温度从33℃开始,每周减少2℃,直至21℃。光照从每日24小时开始,每周减少2小时,一直至12小时。按常规免疫程序进行预防接种,8~10日龄进行断喙,注意通风换气,以纵向通风、湿帘通风为好。育雏期关键是提高成活率。育成期的关键是抓体重控制,提高均匀度。实践证明,16~18周龄体重均匀度与产蛋的持久性及成活率呈正相关。

光照对提高蛋鸡成活率、促进产蛋有直接作用。雏鸡1~2日龄给予24小时光照,以利于摄食,以后逐渐转为恒定光照或自然光照。育成期以自然光照为主,有条件实行密闭遮光的可恒定光照8~12小时。

(2)降低饲料成本

蛋鸡场饲料费用占总成本的60%~75%,有的甚至高达80%~90%。如果饲料成本降低0.1元/千克,以1只蛋鸡500日龄共消耗饲料50千克计算,饲养1万只蛋鸡,可节约饲料费5万元。

①开辟饲料资源。应用价廉、营养丰富、自产或进货渠道方便的原料,

根据不同阶段鸡的生理特点，做到合理配制日粮。

②自配全价饲料。从质量和信誉可靠的厂家购买预混料，参考配方配制全价饲料，可以减少运输费用和中间环节，而且质量可靠，成本大致能降低10%~20%。

③合理加工。粉碎粒度过粗，鸡容易挑食，造成浪费；粉碎过细，适口性差，而且加工费较高，每只鸡一年将增加加工费0.6~1.0元。

（3）加强蛋鸡场的疫病防治

蛋鸡场一般进行马立克、新城疫、传染性法氏囊、传染性支气管炎、鸡痘和产蛋下降综合征的免疫。执行免疫程序时，要注意疫苗的选择、保存和接种方式。粪便和病死鸡是传播疫病的不良因子，死鸡应做到深埋或无害化处理，靠近鸡舍的地方绝不要堆放鸡粪。做好日常卫生和定期消毒工作，尤其是出鸡清粪后一定要彻底清洗，认真消毒。特别在冬季，鸡舍的消毒更加重要。

2.刚出壳的小鸡如何鉴别公母?

雏鸡的早期雌雄鉴别，对于养鸡业有着重要意义。不论是个体养鸡，还是集约化养鸡都期望多养母鸡，所以在雏鸡出壳后区别公母性别，有利于合理饲养，特别是规模较大的养鸡场都需要大量的饲养母鸡，更需要在雏鸡出壳后进行雌雄鉴别及早淘汰公雏，这对于提高设备利用率、扩大生产、减少劳力、降低生产成本、提高经济效益都有很大意义。现行的初生雏鸡的鉴别多采用翻肛门鉴别法，此法掌握起来难度较大，耗费较大劳力和时间，而且对鸡有一定的损伤。近年来由于遗传学的进展，可以利用各品种品系间群体的外貌性状的伴性遗传现象，建立自别雌雄的配套群或自别雌雄的新品种群。这一方法已在实践中得到重视，而且进展很快，根据羽色羽速自别雌雄。

3.冬季饲养蛋鸡应注意哪些问题?

冬季饲养蛋鸡,技术条件要求较高,任何一个环节出现问题,都将使鸡群的正常生产受到严重影响。冬季饲养蛋鸡重点做好两件事:

(1)强化饲养管理

①提高饲料的能量水平

冬季气温低,鸡体能量消耗大,维持体温需要的能量增多,为满足鸡体自身消耗和产蛋需要,必须增加饲料中能量含量(使其达到每千克11.72兆焦至每千克12.35兆焦,蛋白质保持在15%~17%,钙含量保持在3.0%~3.4%)。在配方中可提高动物性饲料、玉米、小麦、碎米比例,亦可添加适量油脂,适当减少麸皮、米糠等粗纤维饲料,并依产蛋情况适当增加日粮。

②保持恒定光照

光照对蛋鸡的排卵、产蛋有促进作用,每天需照16小时。冬季自然光照短于12小时,需人工补光。可在鸡舍内挂40瓦灯泡,灯离地2米,灯与灯之间3米左右,每天天亮前和日落后各补所缺光照时间的一半。补充光照时间一经确定,就要准时开、关灯,持之以恒,切不可时断时续,忽早忽晚。

③保温除湿

冬季鸡舍相对密封一些,造成换气量小,舍内易潮湿。潮湿的环境会降低舍温,且易继发鸡呼吸道病,所以,湿度应保持在50%~70%。要经常检修饮水系统,避免水管、饮水器或水槽漏水淋湿鸡的身体、饲料等,造成舍内湿度和鸡体散热加大。要保证排水畅通,及时排除舍内污水。一般来说,蛋鸡最适宜的舍温为16~21℃,当低于5℃时,产蛋率下降明显,低于0℃时,产蛋量显著减少,甚至不产蛋,且饲料消耗明显增加。因此,冬季蛋鸡饲养管理重点在于鸡舍的防寒保暖,用保温材料封闭鸡舍的所有门窗,通过在舍内烧煤炉、热风炉等设备来保证舍内温度,也可适当增加鸡的饲养密度,使舍内温度维持在适宜范围。

④通风换气

冬季气候寒冷，为了保暖，鸡舍门窗封闭得较严，这样，鸡群排出的大量粪便和尿液产生的氨气、硫化氢、二氧化碳等有害气体大量聚积，极易引起鸡呼吸道疾病的发生。因此，要及时进行通风换气，以排出舍内有害气体，一般在11:00~14:00之间打开换气扇和门窗，每次通风10~30分钟，并定期在地面撒过磷酸钙（400克/米^2），以消除舍内的氨气。

（2）搞好综合疫病防治

冬季，除了要做好蛋鸡的日常饲养管理工作，还要注意疾病的发生和流行。冬季由于鸡舍较为封闭，是呼吸道疾病的高发期，因此，应在饲料中添加强力霉素等药物进行预防（细菌性感染时可用恩诺沙星、环丙沙星，严重时可采用氟苯尼考类药物进行治疗），并且做好新城疫、禽流感、传染性喉气管炎、传染性支气管炎、传染性鼻炎等烈性传染性疾病的预防工作，要选用合格的疫苗进行免疫接种，每月检测1次抗体，一旦发现鸡群抗体不合格，立即进行免疫接种。对已发病的鸡群要做好隔离治疗，对病死鸡进行无害化处理。

4.如何区别杂鸡和三黄鸡的鸡苗?

就肉鸡而言，有两大体系：白羽肉鸡、黄羽肉鸡，而麻鸡、乌鸡、青脚鸡都属于黄羽肉鸡的范畴，三黄鸡也属于黄羽肉鸡的范畴，只是外观更个性（三黄鸡的外部特征是黄嘴，黄皮肤，黄爪子），而杂鸡是用三黄鸡的公鸡和蛋鸡母鸡杂交后孵化而成的鸡，具有抗病力强、生长快、产蛋多、价格便宜、经济效益高等优点。

杂鸡和三黄鸡的主要区别：

（1）外观

三黄鸡毛色很整齐，都是黄色；而杂鸡毛色不整齐，灰色，烟灰色，黄色，带黑点的，很杂乱；同时三黄鸡小鸡外观比杂鸡大，看起来很结实。

（2）价格

三黄鸡比杂鸡在市场上的价格高，每只小鸡高一元左右。

(3)产地

目前,甘肃省的三黄鸡主要从两广(广东、广西)空运而来,杂鸡多数由省内养鸡场自己繁殖生产,河西为多。

(4)生长

三黄鸡比杂鸡的采食量大、生长速度快,同日龄进鸡,三黄鸡比杂鸡提前30天上市。

(5)防疫

三黄鸡与杂鸡比较,杂鸡的免疫力和抗病力更强。

5.听说鸡下蛋的时候要少喂料多喂水,对吗?

这个说法不准确。集约化蛋鸡饲养,鸡的饮水基本都是自动饮水系统,但蛋鸡开产后需要对日常饲养标准进行调整,以供产蛋期使用,简单来说就是增加蛋鸡的喂料量,而喂料量增加的多少受产蛋率、吃料时间、舍温及体重的影响。

(1)产蛋率

种母鸡开产后喂料量的增长率应先于产蛋率的增长,这是因为鸡需要足够的营养来满足生殖系统的快速生长、发育,且卵黄物质的积累也需要大量的营养。鸡群的均匀度水平直接决定鸡群到达产蛋高峰的快慢,若鸡群产蛋率上升快(每天上升3%~4%),产蛋率到30%时应给予高峰料;对于开产后产蛋率上升较慢(每天1%~2.5%)的鸡群,高峰料最好在产蛋率达35%~40%时再给。

(2)吃料时间

这是鸡群进入产蛋期后决定喂料量所必须考虑的另外一个因素,吃料时间的长短直接反映喂料量是否过多或不足。每日应记录吃料时间,作为管理鸡群的“指标”之一,一般种鸡应在2~4小时之内吃完。吃料时间快,说明需要饲喂更多的饲料,反之吃料时间延长,说明喂料量过多。当然,还要注意气温、隔鸡栅尺寸和饲料本身等,均影响吃料时间的长短。

(3)舍温

这是影响吃料量的主要因素之一,舍温应保持在21~25℃,一般来说舍温低于20℃时,每低1℃,每只鸡每日就需增加约21千焦能量,夏季天热时一定要早晨凉爽时喂料。

(4)体重

鸡每日摄取的大部分营养主要用于维持生长需要,因此,体重越大的鸡需要的饲料量也就越多。如果鸡群超过其标准体重,那么在产蛋期就应增加其喂料量,在实际生产中鸡群每超过标准体重100克,每日每只鸡需增加33.5千焦能量。

6.中国蛋鸡品种有哪些?农村散养蛋鸡哪个品种好?

多年来,中国蛋鸡品种长期依赖进口,种源权大多掌控在外企手中。海兰、罗曼、海赛克斯等进口品种占据中国祖代蛋鸡份额的70%以上。中国自主培育品种农大三号矮小型、京白939等蛋鸡品种虽特点鲜明,但市场占有率低,未能扭转中国蛋鸡业"洋鸡"一统江山的局面。随着北京市华都峪口禽业有限公司具有自主知识产权"京红京粉"培育成功,这一局面才有所改变。

国外进口的祖代蛋鸡品种主要有:

(1)罗曼褐

德国罗曼公司育成,属中型体重高产蛋鸡,四系配套,有羽色伴性基因。

(2)伊莎褐

法国伊莎公司育成,属四系配套中型体重的高产棕壳蛋鸡。具有较好的抗热性能,是当前世界主要高产蛋用鸡种之一,有羽色和快慢羽两个伴性基因。

(3)罗斯褐

英国罗斯公司育成,属高产蛋鸡,适应性强,抗逆性表现较好。有金银色和快慢羽两个伴性基因。

(4)迪卡·沃伦(褐)

是由美国迪卡布家禽育种公司培育的一种优良褐壳蛋鸡。四系配套,有羽色伴性基因,能自别公母。

(5)星杂579(褐)

又名S579,由加拿大谢佛公司育成。该鸡具有羽色伴性遗传,可根据羽毛不同颜色识别公母。

(6)海赛克斯(褐)

荷兰成尤里布德公司培育的中型褐壳蛋鸡。具有羽色伴性基因。此鸡性情温顺,好管理,抗寒性强,抗逆性好且具有产蛋高峰期长、破壳蛋少的特点。但耐热性较差,适宜在北方寒冷地区饲养。

(7)海兰褐

美国海兰国际公司培育的中型褐壳蛋鸡。该鸡性情温顺,适应性好,开产早,产蛋高峰来得早且持续期较长,具有羽色伴性基因。

(8)星杂288(白)

又名S288,是加拿大谢佛公司育成的。体型、毛色与白来航鸡相似,但体重较轻。此鸡具有耗料少、产蛋多、蛋较重、不抱窝等特点。

"京红京粉"是北京市华都峪口禽业有限公司具有自主知识产权、生产性能国际先进、适合中国饲养环境的优秀蛋种鸡品种。它实用性好、适应性强、繁殖力高。"京红1号"配套系从祖代到商品代全部自别雌雄,"京粉1号"配套系父母代父本和商品代自别雌雄。据2014年中国畜牧业协会统计,祖代蛋种鸡国产品牌与洋品牌实现了1:1格局。"京红京粉"耐粗饲,有较强的适应能力,适合中国的饲养环境。成活率高,育成鸡可达98%,蛋鸡达93%,比国外品种分别高3%和2%。两个品种的产蛋高峰期长,商品代产蛋率90%以上,都超过了180天。父母代种鸡种蛋合格率、受精率、健母雏率都高于进口品种,其中父母代鸡年生产健母雏数比国外品种多4~5只。商品代蛋鸡72周龄饲养日产蛋数311枚、产蛋总重19.5千克、产蛋期料蛋比2.2:1。中国蛋鸡业已开始由"中国制造"向"中国创造"转变。

甘肃省农村目前规模化饲养的蛋鸡主要是美国的海兰蛋鸡,农村散养京红京粉比较适合,耐粗饲并有较强的适应能力。

7.春季育雏应注意哪些方面?

(1)消毒

雏鸡入舍前先将鸡舍彻底清扫冲洗干净,然后用福尔马林和高锰酸钾进行熏蒸消毒,关严门窗12~24小时后,打开门窗通风换气。所有用具用0.2%的高锰酸钾溶液清洗消毒。做完这些工作后,方可接雏入室。

(2)温度

春季虽然气温回升,但气候仍然寒冷,保持适宜的温度是育雏成败的关键。雏鸡体温调节机能不健全,对环境温度的变化十分敏感,环境温度的高低对雏鸡的生长发育和成活率有着直接的影响。进雏前育雏舍要先预温,达到育雏的温度要求。初春育雏第一周龄内的雏鸡需要的鸡舍温度为35~36℃。

(3)饮水

雏鸡开食前,首先要给以饮水。最初几天,可在饮水内加入万分之一高锰酸钾,起消毒饮水和清洗胃肠、促进小鸡胎粪排出的作用。经过长途运输的雏鸡,可在饮水中加入5%左右的葡萄糖,以帮助消除疲劳,尽快恢复体力。所用饮水要预先加温,使水温与育雏室温基本一致。

(4)开食

雏鸡饮水充分后,方可开食。开食的饲料要求新鲜,颗粒大小适中,易于雏鸡啄食,且营养丰富、易消化,常用的有碎玉米、小米、碎米、碎小麦等。每日喂5~7次,开食料喂2~3天后,逐步改用雏鸡混合料进行正常饲喂,每日喂4~5次,要少喂勤添。

(5)湿度

适宜的湿度可以保持雏鸡体内水分蒸发恒定,提高雏鸡的成活率。随着日龄增长,体重增加,小鸡的采食量、饮水量、呼吸量、排粪量等都逐日增加,加上育雏温度又逐周下降,很容易造成室内潮湿和料槽垫料的霉菌中毒,小鸡对这种潮湿环境也不适应,因此,育雏室要加强通风,勤换垫料,加添饮水时要防止水洒在地面或垫料上,尽可能将育雏室相对湿度控制在

55%~60%。

8.怎样挑选优良雏鸡?

(1)认真查看

首先选定优良品种,查清种鸡场的品种纯度和种鸡生产性能,以及该品种是否按配套系繁育和遵循种鸡场验收条例。查清种鸡场饲养管理水平及孵化水平,了解种鸡群的免疫程序和抗体水平,以及种鸡场是否发生过传染病。

(2)眼观耳听

主要听雏鸡的叫声。优质健康雏鸡叫声洪亮、清脆而短促;弱雏则叫声微弱而嘶哑,或者尖叫不休。

(3)用手触摸

将雏鸡握在手中,触摸腹部大小、卵黄吸收是否良好、体态是否匀称。健康雏鸡感到挣扎有力,体态匀称,体重适中,腹部平坦柔软、大小适中,表明卵黄吸收及脐部愈合良好。弱雏手握感到挣扎无力,瘦弱,松软,腹部膨大。

9.冬春季肉鸡饲养管理应该注意哪些问题?

商品肉鸡生长速度快,对环境的适应能力较弱,对疾病的抵抗力不强,易受饲料质量等诸多因素的影响。在冬春季饲养肉鸡,要注意以下几个环节:

(1)创造良好的饲养环境

包括鸡场大环境和舍内小环境。大环境是指尽量将场址选择在远离其他鸡场或者畜禽养殖场,地势开阔、交通便利、无噪声等外界干扰的地方。舍内小环境是指良好的保温和通风条件。

冬春季气候寒冷,舍内需要的温度与外界气温相差悬殊,要解决好通风和保温的矛盾,保持舍内空气清新。既要通风换气,又要保持舍内温度,这是冬春季应解决的主要问题。鸡舍要求防寒性能好,达到保温的要求,严防仔鸡由于低温造成扎堆挤压致死的现象发生。

在通风换气的同时,注意不要造成舍内温度忽高忽低,严防由于温差过大造成应激反应引起疾病,防止贼风、穿堂风侵袭鸡群。一般情况下,6日龄开始通风,并随日龄增加,加大通风量,使鸡群有足够的氧气。

(2)做好鸡场的卫生管理

从健康种鸡场引进鸡苗,严防经垂直传播带进病原体;建立严格的卫生防疫制度,搞好环境卫生,严格控制外来人员、车辆进入生产场,制定科学有效的消毒制度;坚持带鸡消毒、消灭鼠害、严防鼠害传播疾病、病死鸡烧埋处理、病鸡与健康鸡隔离的原则。配备单独的贮料室、消毒池、更衣间、工具室等。饲养用具与消毒用具严格区分,并定期消毒,严防水平传播疾病。在提高机体抵抗力的同时,做好有关疾病的防治工作。严格按免疫程序进行疫苗接种免疫。定期监测本场鸡群的健康状况,出现疫情及时处理。同时定期监测相邻鸡场及本地区有无疾病疫情的发生,采取预防措施。

(3)加强饲养管理

进雏鸡前对鸡舍、用具进行严格消毒。入舍后,先饮水后开食,尤其长距离运输的鸡,可及时补充机体所消耗掉的水分。对于不愿意活动的鸡,可采用人工轰赶强制采食的措施,但应注意动作要轻,不要造成挤压致死的现象。不可随意改变光源的位置、时间、强度等,使舍内光照强度均匀。

地面要干燥,平养要选好垫料,要用新鲜、干燥、柔软、不霉变、吸水性好的垫料。

控制饮水,满足水的需要,一般饮水是耗料量的2~3倍,但不要供给过多的水,因为水多会加剧垫料的潮湿。用水时防止水管破裂或者水龙头跑水。

10. 育成期蛋鸡如何饲养，才能保证开产后多产蛋？

蛋鸡的饲养阶段分为育雏、育成和产蛋三个阶段。7~19周龄是育成期。

育成期的鸡具有健全的体温调节能力和较强的生活能力，对外界环境的适应能力和对疾病的抵抗能力明显增强。消化能力强，生长迅速，是肌肉和骨骼发育的重要阶段。体重增长速度随着日龄增加而逐渐减慢，但脂肪沉积随日龄的增加而增多，育成后期鸡的生殖系统发育成熟，在光照管理和营养供应上要注意这些特点。

（1）控制体型、体重

鸡体型发育规律为：8周龄以前着重于骨架的发育，8周龄以后着重于体重的增长。体型是骨架与体重的综合表现，良好的骨架发育是维持产蛋期间高产能力及优良蛋壳的必要条件，若骨架小而相对体重大者，表示鸡肥胖，这种体型的鸡产蛋表现不会理想，例如，会早产，脱肛多，且产蛋初期时母鸡的死淘率高。体重大的鸡易提前开产，过肥的鸡身体负担重，一般产蛋也不会持久。体重小的鸡不仅开产晚，体质也差，一般产蛋也少。寒冷季节气温低，鸡的热量损耗大，食欲比较好，如果采食的能量太多，开产前母鸡卵巢和输卵管沉积较多脂肪，会影响卵子的产生和排出，导致开产后生产能力下降，甚至影响整个生产期的生产性能。所以育成期维持鸡群的正常体重具有重要意义。根据每周称测的体重情况来调整饲料的营养水平和饲喂量，控制鸡的生长速度，使鸡性成熟适时化和同期化。

（2）控制性成熟

光照是控制蛋鸡性成熟的主要方式，光照时间和光照强度是影响蛋鸡开产日龄和产蛋量的重要因素。在正常饲养管理情况下，增加光照时间和光照强度能促进性成熟；相反，使蛋鸡的性成熟推迟。过早或过迟开产的蛋鸡，生产性能都较低。光照控制性成熟主要是因为光照能刺激鸡脑垂体，增强垂体前叶活动，引起垂体前叶释放促性腺激素（FSH），促进卵泡的成熟，到性成熟时垂体前叶分泌的另一种激素——促黄体生成素（LH）的作用下排卵,因此,光照是蛋鸡高产稳产不可少的条件,要严格管理,准确控制。蛋鸡饲养管理的前8周,光照时间和强度对鸡性成熟影响很小,但8~18周龄间会因光照的渐增或渐减而影响性成熟的提早或延迟。因此在此期间若不实施人为的、恒定的光照程序,而只采用自然光照,10月至次年3月份孵化的雏鸡将会提早产蛋,即体重尚未成熟而鸡早已开产,而在4~9月份孵化的雏鸡将会延迟产蛋,即鸡已达成熟的体重也不开产。育成期光照时间为每天8~10小时,光照强度要用弱光,切忌强光。开放式鸡舍可用自然光照,不足时早晚开灯补充光照。

(3)产蛋前免疫

育成后期要将新城疫、减蛋综合征、传染性支气管炎等疫苗注射完毕,以保证鸡群有较高的免疫力,使生产性能正常发挥。体重达标、均匀、健康是抗体均匀的基础。

(4)温度与通风

育成期的鸡对温度、湿度的变动有了很强的适应能力,但应该避免急剧的温度变化,日温差的变化最好能控制在5℃之内。育成期鸡舍的最佳温度是18~27℃。在炎热的夏季育成时,加强通风十分关键,降温防暑是饲养管理的一项重要工作;冬季既要保温,又要做好适宜的通风换气,确保鸡舍空气环境良好。育成鸡对环境湿度不太敏感,湿度在40%~70%范围之内都能适应,但地面平养时应尽量保持地面干燥。

(5)密度

育成期间适宜的饲养密度能够保证鸡群健康成长和均匀发育,饲养密度标准为:平养每平方米10~12只,笼养每平方米20~25只。

(6)饲喂和饮水

自由采食,白天不能断水,水质要清洁卫生。

11.种蛋保存过程中应该注意哪些问题?

种蛋保存主要是温度、湿度、通风、翻蛋、保存时间、放置状态等几个问题。

(1)温度

种蛋保存的适宜温度为12~18℃。鸡胚发育的临界温度是23.9℃,为了抑制酶的活性与细菌的繁殖,保存温度要低于临界温度。

(2)湿度

种蛋的保存要有一个合适的湿度,过低过高都会影响孵化率。过低,蛋内水分蒸发;过高,使种蛋发霉。保存种蛋的适宜湿度为70%~80%。在潮湿的地区保存种蛋时,通风要好,相对湿度低一些为宜;反之,在干燥的地区保存种蛋时,就应有较高的相对湿度。

(3)通风

放种蛋的地方应保持空气新鲜,通风良好,不应有特殊气味。

(4)翻蛋

在种蛋保存期间,必须每天翻蛋一次,可防止胚胎与内壳膜粘连,又可促进通风换气,防止霉蛋。

(5)保存时间

种蛋保存的时间越短越好,不超过3天的孵化效果最好。一般要求保存时间在1周以内,最长不超过2周。

(6)种蛋的放置状态

保存期第1~7天,种蛋大头向上;保存期第8~14天,小头向上。

12.建造专用肉杂鸡舍有什么要求?

(1)适当的宽度和高度

目前建造的专用肉鸡舍多采用自然通风的开放式鸡舍为主,其宽度在9.8~12.2米,以减少鸡舍在寒冬的散热面,而超过这个宽度的鸡舍在炎热的夏季会通风不良。鸡舍的长度往往受设备(如自动喂料机)的限制。鸡舍的高度一般为檐高2.4米左右,采用坡值为四分之一至三分之一的三角屋顶,利于排水。鸡舍应有结构良好的屋檐,以达到挡雨和遮阳的目的。如能在屋顶安装天花板或其他隔热设施,使舍内冬暖夏凉则更好。

(2)确定鸡舍合理的建筑面积

建筑面积的大小主要取决于饲养的数量,而饲养量的确定应考虑每个劳动力的生产效率,既不要浪费鸡舍面积,也不要造成劳力的浪费。

(3)必须满足通风换气和调节温度的要求

自然通风主要是利用自然风力和温差来进行。在鸡舍结构中常见的有窗户、气楼和通风筒。

①窗户

窗户要有高度差,应注意让主导风向对着位置较低的窗口。为了调节通风量,还可以把窗子做成上下两排,根据通风的要求开关部分窗户,既利用了自然风力又利用了温差。窗口的总面积在华北地区可为建筑面积的三分之一左右,东北地区应少一些,而南方地区应多些。为了使鸡舍内通风均匀,窗户应该对称且均匀分布。为了防止冬季冷风直接吹到鸡身上,可以安装挡风板,使风速减低以后均匀进入鸡舍。

比较理想的窗户结构应有三层装置:内层是铁丝网,防止鸟类进入鸡舍和避免兽害;中层是玻璃;外层是塑料薄膜,主要用于冬季保温。

②气楼

它比窗户能更好地利用温差,鸡舍内采光也较好,但结构复杂,造价较高。

③通风筒

通风原理与气楼相似,结构比气楼简单。一般要求通风筒的高度应高出屋顶60厘米以上。

(4)适宜的墙壁厚度和地面结构

北方地区冬季多刮西北风,北墙和西墙的砖结构厚度应为0.37米以上(三七墙),东、南墙可为0.24米(二四墙)。

为了鸡舍内冲洗时排水方便,地面应该有一定的坡度,一般掌握在1:200~300,并设排水沟。为了方便清粪和防止鼠害,地面0.2米厚的范围内最好用水泥砂浆抹面。

13.规模化养鸡需要哪些设备?

先进的机械设备能为鸡群创造较为理想的生活环境,大幅度地提高生产效率。养鸡所需的设备有:

(1)供暖设备

育雏阶段和严冬季节,可以用电热、水暖、气暖、煤炉、火炕等设备加热,都能达到加热保暖的目的。只要能保证达到所需温度,因地制宜地采取哪种供暖设备都是可行的。

①地下烟道式供暖

对中小型鸡场较为适用,它用砖或土坯砌成,较大的育雏室可采用长烟道;较小的育雏室可采用田字形环绕烟道。在设计烟道时,烟道进口的口径应大些,往出烟口处应逐渐变小;进口应稍低些,出烟口应随着烟道的延伸而逐渐提高,以便于暖气的流通和排烟,防止倒烟。

②电热保温伞

可用铁皮、铝皮或木板、纤维板以及钢筋骨架加布料制成,热源可用电热丝或电热板,也可用石油液化器燃烧供热。目前电热保温伞的典型产品用埋入式陶瓷远红外加热板加热,每个2米直径的伞面可育雏500只,在使用前应将其控温调节与标准温度计校对,以使控温正确。

(2)通风设备

密闭鸡舍必须采用机械通风解决换气和夏季降温的问题。机械通风有送气式和排气式两种:送气式通风是用通风机向鸡舍内强行送新鲜空气,使舍内形成正压,将污浊空气排走。排气式通风是用通风机将鸡舍内的污浊空气强行抽出,使舍内形成负压,新鲜空气便由进气孔进入鸡舍。近年来有些鸡场采用纵向通风,高温季节对降温的效果更为明显。

(3)供水设备

目前笼养育成鸡和产蛋鸡使用最普遍的是V形水槽。雏鸡使用钟形真空饮水器最合适。平养鸡可以使用吊塔式自动饮水器。

(4)喂料设备

主要使用食槽,笼养鸡都用长的通槽,自动化喂料是采用上料机及链条式喂料机供料,平养鸡也可使用这种供料方式,也可用饲料吊桶供料。雏鸡要用饲料浅盘。食槽的大小要根据鸡体大小的不同来设置。

(5)产蛋设备

饲养肉用种鸡或平养蛋鸡可采用二层式产蛋箱,按每4只母鸡提供一个箱位,上层的踏板距地面高度应不超过60厘米。每只产蛋箱约30厘米宽,30厘米高,32~38厘米深。产蛋箱两侧及背面可采用栅条形式,以保证产蛋箱内空气流通和利于散热,在底面的外沿应有约8厘米高的缓冲挡板,以防止鸡蛋滚落地面。

(6)清粪设备

一般鸡场采用人工定期清粪,少数鸡场采用刮粪板机械清粪。

(7)笼具

育雏可以用网板,也可采用立式多层育雏器。育成鸡除平面网养外,多用重叠式或阶梯式育成笼。产蛋鸡基本上都是笼养。实行笼育和笼养鸡可以充分利用空间,增加饲养容量,清洁卫生状况好,便于防疫,节省饲料,蛋的清洁度较高,管理鸡群便利。种鸡笼有育种用的个体笼,祖代、父母代鸡可以用普通的产蛋鸡笼,也可以用小群配种笼。这种小群配种笼可在笼的一端专设布帘遮光,为母鸡产蛋创造一个安静的环境,同时防止产蛋时引起啄肛。

(8)光照设备

目前普遍采用白炽灯(即灯泡)来照明,也可用日光灯管照明。

(9)断喙器

已定型的断喙器有9QZ800型、9QZ820型等产品。操作时,机身的高低可进行调节。加热时,刀片的最高温度可达1020℃,一把刀片一般可以切青年鸡20 000只以上,不快时可经修磨后继续使用。

14.怎样才能养好生态鸡?

(1)放养密度与规模

放养密度按宜稀不宜密的原则,一般林地放养密度200~300只/667米^2(亩)。放养规模一般以每群1000~1500只为宜,采用全进全出制。

(2)放养时间选择

一般选择4月初至10月底放养,此期间林地杂草丛生,虫、蚁等昆虫繁衍旺盛,鸡群可采食到充足的生态饲料。11月至次年3月则采用圈养为主、放养为辅的饲养方式。

(3)放养调教与管理

①放养调教密切注意天气变化,遇到天气突变,下雨、下雪或起大风前及时将鸡群赶回鸡舍,防止鸡受寒发病。放养初期每天放牧3~4小时,以后逐日增加放牧时间。在补料时,进行吹口哨、敲料桶等训练,使其形成条件反射,顺应人意。

②分群饲养一般公雏羽毛长得较慢,争斗性较强,对蛋白质饲料及其中的赖氨酸等利用率较高,因而增重快,饲料效率高。此外,公鸡个体壮,竞食能力强。而母鸡由于内分泌激素方面的差异,沉积脂肪能力强,因而增重慢,饲料效率差。公母分养,各自在适当的日龄上市,便于实行适宜不同性别的饲养管理制度,有利于提高整齐度和商品率。

③划分轮牧区一般2000~3330米^{2}林地划为一个牧区,每个牧区用尼龙网隔开,这样既能防止老鼠、黄鼠狼和人带传染性病菌等对鸡群的侵害,有利于管理,又有利于食物链的建立。待一个牧区草虫不足时再将鸡群赶到另一牧区放牧,公母鸡最好分在不同的牧区放养。在养鸡数量少和草虫不足时期可不分区。

(4)主要靠人为供给饲料,野外杂食只作为补充

由于生态鸡养殖的品种多为草鸡,生长速度较慢,故所用的饲料营养水平不宜过高。一般在小鸡阶段使用无公害饲料厂家生产的小鸡配合饲料;在中大鸡阶段则按一定比例拌入无污染的稻谷、统糠、青菜叶等青粗饲

料。为增加鸡肉的口感和风味，应适当延长饲养周期，控制出栏时间，一般在接近性成熟时出栏品质最佳。

（5）生态鸡的疫病防治措施

场地、鸡舍、用具消毒是确保鸡群安全生产必不可少的技术措施。建立严格的消毒制度，实行专人负责。定期对运动场地、鸡舍进行打扫消毒，鸡群出栏后进行彻底的清栏消毒。消毒选用消特灵、百毒杀等低毒、高效、广谱消毒药。

15. 如何合理搭配放养鸡的饲料？

放养鸡的饲养环境以草地、树林、荒山荒地等为主，其饲养方式以野外自由采食和松散放养为主。所以，为了保证产品的绿色和原生态，养殖户在放养鸡的饲料搭配和利用方面应当遵循以下原则。

（1）补充饲料要以原汁原味的农副产品为主。养殖户在给鸡群补充饲料时，最好给鸡群直接饲喂未经加工和破碎的玉米、小麦、大麦、高粱、豌豆等谷物类饲料，以保证饲料的纯真和提高饲料的利用率。

（2）给鸡群饲喂的饲草要以苜蓿等豆科类牧草为主。

（3）要定期集中给鸡群饲喂适量的豆粕、麸皮、油粕，并注意添加肉鸡生长发育所需要的矿物质、微量元素，以满足鸡生长发育的需要。

（4）鸡群进入放养阶段以后要尽量少喂或不喂配合饲料，以保证鸡肉的品质。

（5）如果要饲喂豆饼、麸皮、油饼、矿物质、微量元素和配合饲料时一定要准备必需的料槽，进行分批饲喂，以防造成饲料的浪费。

（6）要定期给鸡群饮高锰酸钾等消毒水，减少疾病的发生和传播。

总而言之，发展放养鸡的目的就是生产绿色无公害的原生态产品，养殖户在饲养过程中一定不要急于求成，要遵循放养鸡的生长规律，尽量少用或不用催肥催长添加剂和抗菌素，通过利用原生态的生长环境、饲喂原生态的饲草料，采取科学的防病治病措施，就一定能够生产出名副其实的绿色产品，获得良好的经济效益。

16. 放养鸡饲养管理技术有哪些?

近年来,随着全社会对食品质量安全意识的不断提高,无公害、绿色、有机农产品已经成为消费者的首选。而农户饲养的放养鸡恰恰具有饲养环境开放、污染少、饲料来源天然纯真、添加剂少,饲养规律符合其自然规律、人为催肥催长因素少的特点而受到消费者青睐。放养鸡不仅为消费者提供了优质放心的产品,而且也为养殖户带来了丰厚的经济效益,应该说是一个值得积极引导发展的养殖产业和帮助有条件的农民脱贫致富的有效途径。

在发展放养鸡的过程中,饲养管理方面应注意以下十个方面:

(1)保证饲养环境安全。养殖户在发展放养鸡产业时,首先要保证所选择的饲养环境切实安全,放养鸡活动的草地、树林、山地没有受到过疫情污染。

(2)有满足放养鸡群避风、避雨、避寒的场所。

(3)有满足放养鸡群乘凉避暑的设施条件。

(4)严格按照肉鸡免疫程序及时全面地接种相关疫苗。

(5)保证饮水安全,坚决防止鸡群误饮雨水、洪水和生产生活污水。

(6)定期给放养鸡群补充肉鸡生长所必需的维生素及微量元素。

(7)及时清除饲养场地周边的垃圾,以防鸡群误食。

(8)对放养鸡群中不明原因死亡的鸡及时进行无害化处理。

(9)对一些体质虚弱的鸡进行及时的人工辅助饲养。

(10)从小鸡开始及早进行口令训练,使放养鸡群的饮水、喂料、活动、避风避雨避寒、乘凉避暑都形成规律。

只要养殖户做到精细管理、科学饲养,就一定能够获得满意的养殖效果。

17. 母鸡为什么会产软蛋?

在生产实践中母鸡产软壳蛋的原因较多,主要是由于饲料搭配不合理、饲养环境不良和部分疾病等因素造成的。

(1)由于饲料中含钙量不足、钙磷比例失调、阳光不足、维生素D缺乏等问题容易引起母鸡产软蛋。产蛋鸡每天需要钙3~4克,若低于这个水平,则钙量不足而生软壳蛋。饲料中钙磷比例应为2∶1或3∶2,当饲喂糠麸类饲料过多时,导致磷过多,则钙磷平衡失调而影响钙的吸收。

(2)阳光不足或维生素D缺乏时,则影响钙的吸收,可以导致母鸡持续性下软壳蛋。

(3)饲喂方法不当容易引起母鸡产软蛋。一般舍饲和笼养的鸡早上喂精饲料,由于胃肠空,吸收钙量较多,而上午形成的蛋于下午产出,所以母鸡下午产蛋,一般产软蛋的现象较少。当下午大量饲喂青绿饲料,加之夜间休息,采食量相应较少,则钙的吸收随之减少,其形成的蛋于第二天早上产出,所以早上产的蛋壳较薄,出现软蛋的机会较多。

(4)鸡舍气温过高,鸡采食量减少,钙吸收量相应减少,容易导致母鸡产软蛋。

(5)鸡舍污脏潮湿,产生氨过多,通风不良,引起鸡出现氨中毒时容易导致母鸡产软蛋。

(6)鸡群受了意外惊吓后,引起母鸡的神经机能和内分泌功能失调,使鸡蛋的钙形成发生障碍,或蛋排出过快,从而导致母鸡产软蛋。

(7)母鸡受伤或有病,扰乱了钙的代谢,容易导致母鸡产软蛋。

(8)前殖吸虫病初期也会导致母鸡产软蛋,后期则会排卵壳碎片或流出类似石灰水样的液体。

针对以上原因,只要养殖户注意保持鸡舍清洁干爽,空气清新,安静,按实际需要补喂优质骨粉和新鲜青绿饲料及保持充足的光照,便可及时解决母鸡产软蛋的问题。如属前殖吸虫病引起者,则按该病治疗,具体方法是用小胶管插入食道灌服四氯化碳2~3毫升,初期效果显著。

18. 养殖土鸡和鸭子需要办什么手续?

不论是办土鸡养殖场还是鸭子养殖场,如果其产品要出售交易的话,都需要到相关部门办理注册登记手续。

(1)要有办理养殖场所需的场地土地使用证明。

(2)根据自己的发展目标和饲养动物种类到当地畜牧主管部门申请领取动物养殖许可证。

(3)需要到当地动物防疫部门申请领取动物防疫许可证。

(4)上述证件齐全后就可以到工商税务部门申请领取经营许可证和税务登记证。

(5)产品要进入超市或者上市交易的话需要经过食品安全监督部门的认可。

19. 多大规模的肉鸡养殖场能获得最大的收益?

应综合考虑当地的自然条件、交通运输、市场环境、自有资本等因素来确定肉鸡的饲养规模。根据利润最大化原则,当多饲养一只肉鸡的销售收入等于这只鸡的饲养成本时,饲养肉鸡的总利润达到最大。根据有关资料分析,小规模饲养(300~1000只)每百只成本利润率最高,为12.16%,中规模饲养(1000~10 000只)的每百只利润率为10.94%,而大规模饲养(>10 000只)的每百只利润率为10.77%。

综合多种因素,一般农户家庭经营以300~1000只为宜,大型机械化养鸡场10 000只以上为宜。

20. 放养鸡冬季如何保暖?

作为养殖户来说,养鸡就是为了追求效益,其他季节还好,在北方滴水成冰的冬季,如果因为天气寒冷把鸡冻出病来,会对养鸡生产带来严重的不利影响。低温不仅会导致疾病，更会使鸡的产蛋率下降。

最适合鸡产蛋的温度是20℃左右，随着温度的下降，鸡会把身体中的比较多的能量转化为热量来御寒，供给产蛋的能量就少了。如果环境温度长期低于5℃，甚至会停止产蛋。散养鸡过冬保暖，就是要创造一定的环境条件，从以下几方面保温御寒：

（1）建舍（温棚）

北方一年四季分明，季节气候差异很大，昼夜温差大。建造冬暖夏凉的鸡舍是必不可少的。鸡舍选址干燥、背风向阳；在鸡舍外建一个阳光棚，可以起到特别好的缓冲作用。

（2）品种

选择适宜的品种，例如北京尤鸡等传统的北方品种，更加适应北方冬季寒冷的气候。尤鸡本身的羽毛比较丰满，所以抗寒能力比较强。

（3）管理

在北方散养鸡，并不是一天到晚鸡舍外的温度都在零下，当中午气温升高，就让鸡在室外活动，温度降下来之后让鸡回到温暖的鸡舍里。使用散热灯、加光照、通风排湿，都可作为增温御寒的措施。冬天补充人工光照，使其总体光照达16小时左右。

（4）营养

给鸡吃好，增加抵抗力。如增加能量补充维生素的不足，方法是补充玉米、高粱、胡萝卜、南瓜、土豆、苜蓿草粉等能量饲料；将少量辣椒粉添加进饲料中，既暖胃又促进消化。

（5）鸡床垫料

热空气是往上走的，即使舍内空气显示10℃，鸡生活的底层温度也只有2~3℃，鸡冬天在室外活动时温度就很低，也会影响正常的生产。鸡床采用可以保温的垫料，在另外附加保暖措施的情况下，足以维持鸡很舒服的温度。

21. 目前肉鸡的主要饲养方式有哪些？

目前肉鸡饲养方式主要有以下四种：

（1）地面平养

对鸡舍要求较低，在舍内地面上铺5~10厘米厚的垫料，定期打扫更换即可。

（2）网上平养

是将肉鸡饲养在离地面50~60厘米高的竹网、金属网或塑料网上，目前以塑料网居多。

（3）笼养

是从引进鸡苗至出售都在笼中饲养的方法，适合垫料紧缺、鸡舍面积小又想多养鸡的农户，笼养比平养可以提高1倍饲养量，但设备投资较多。

（4）散养

传统意义上的散养是选择比较开阔的缓山坡或丘陵地、草原场，搭建简易鸡舍，白天鸡自由觅食，早晨和傍晚人工补料，晚上在舍内休息，从而实现放养和舍养相结合的规模化养殖方式。

四种方式各有特点，养殖户应根据自己的条件选择采用。

22. 肉鸡舍应安装什么类型的通风设备？

肉鸡饲养密度大，集约化程度高，创造适宜的湿度、温度条件是必不可少的。保持良好可控的通风就是重要的措施之一。鸡舍的通风有机械通风和自然通风两种。

（1）自然通风

自然通风是使用窗口，在自然风力和温差的作用下进行，在北方地区，窗口总面积一般为建筑面积的三分之一左右。一般窗口应对称且均匀分布。为了调节通风量，还可把窗子做成上下两排，根据通风量要求开关部分窗户。

(2)机械通风

机械通风是密闭式鸡舍、肉鸡高密度、大群饲养条件下调节舍内环境状况的主要方法,通风与控温、控湿、除尘及调节空气成分密切相关。当代肉鸡密闭式鸡舍的机械通风方式主要包括两种,即横向式通风和纵向式通风。

①横向式通风

当鸡舍长度较短、跨度不超过10米时,多采用横向式通风。横向式通风主要有正压系统和负压系统两种设计。应用比较普遍的是负压通风系统。生产中较多采用的主要是穿透式通风。就是将风机安装在侧墙上,在风机对侧墙壁的对应部位设进风口,新鲜空气从进风口流入后,穿过鸡舍的横径,排出舍外。此通风设计要求排风量稍大于进气量,使舍内气压稍低于舍外气压,有利于舍外新鲜空气在该负压影响下,自动流进鸡舍。

②纵向式通风

当鸡舍长度较长,达80米以上,跨度在10米以上时,应采用纵向式通风。它是指将风机安装在肉鸡舍的一侧山墙上,在风机的对面山墙或对面山墙的两侧墙壁上设立进风口,使新鲜空气在负压作用下,穿进鸡舍的纵径排出舍外。在夏季高温时节,为使鸡舍有效降温,通常需在进风口安装湿帘,即湿帘降温。因鸡舍纵向式通风系统具有设计安装简单、成本较低、通风和降温效果良好等优点,在目前养鸡生产上应用较为广泛。

23.目前适合白银饲养的肉鸡品种有哪几类?

目前中国饲养的肉鸡品种主要分为以下两大类型。

(1)快大型白羽肉鸡

一般称之为肉鸡。主要特点是生长速度快,饲料转换效率高,正常情况下,42天体重可达2650克/只,胸肉率19.6%。

(2)黄羽肉鸡

一般称之为黄鸡,也称优质肉鸡。生长速度慢,饲料转化效率低,但适应性强,容易饲养。

包括白银在内的甘肃大部分地区，属于大陆性气候，气温低、寒冷，冬天应具备良好的保温措施，同时降雨量少，昼夜温差大，夏季长时间高温。快大型白羽肉鸡生长速度快，对气候环境条件要求高，适合在北方地区饲养。像陇南一些地方，属于海洋性气候，温暖潮湿，特别是夏季气温高且维持时间长，降雨量多，空气水分含量大，细菌等微生物容易滋生繁殖，则适合饲养生长速度较慢、抗逆性较强的黄羽肉鸡。

24. 如何放养肉鸡？

肉鸡放养是选择比较开阔的缓山坡或丘陵地搭建简易鸡舍，白天鸡自由觅食，早晨和傍晚人工补料，晚上在舍内休息，从而实现放养和舍养相结合的规模化养殖方式。

放养肉鸡分为舍内育雏和舍外放养两个阶段，一般雏鸡的育雏阶段为1月龄左右，雏鸡脱温后进入放养阶段，放养鸡一般在100日龄以上出售。若放养地平坦开阔而且水草丰盛，放养规模以每群1000~1500只为宜。

肉鸡放养前要准备好饲槽及饮水器、饲料等，选择天气暖和的晴天放养。开始几天，每天放养2~4小时，以后逐渐增加放养时间。放养宜选择无风的天气，过程中要进行放养驯导，建立起鸡回舍等的条件反射，以便在紧急情况下能使鸡及时回舍。

注意防兽害，如狐狸、猫狗等。

重点在线 ZHONGDIANZAIXIAN

第5部分

肉兔的养殖技术

1. 如何才能养好幼兔?

仔兔断奶后至3月龄的小兔称为幼兔。这个阶段的兔子生长发育快,但抗病力差,要特别注意护理,否则发育不良,易患病死亡。

断奶仔兔必须养在温暖、清洁、干爽的地方,以笼养为佳。

饲喂的饲料要清洁新鲜,富于营养。带泥的青草一定要洗净晾干后再喂。青饲料一天喂3次,精饲料一天喂2次,加喂矿物质饲料、少量鱼粉、豆饼等。

喂食掌握早多午少晚吃足,随吃随喂不留剩食这一原则,饮水要充足,夏季喂凉水,冬季喂温水,加少量食盐。

夏季饲料以青草为主,兼喂麦麸、玉米、高粱等精饲料。

青饲料含水大,要在太阳下晒一晒,减少水分。这样可有效地控制幼兔的腹泻和膨胀病。另外,可以经常加喂一些大葱或洋葱叶、大蒜叶等。

幼兔阶段多种传染病易发,应抓好防疫。坚持消毒、注射疫苗和投药相结合,以消毒为主。除注射兔瘟、巴氏杆菌和魏氏梭菌疫苗(三联苗最好,能减少多次注射造成的不良影响)外,春秋季预防口腔炎、感冒、大肠杆菌病,特别是夏季预防球虫病的暴发。哺乳期已感染了球虫卵囊的幼兔,断奶后，由于环境条件的改变，抗病力降低后，易暴发球虫病，导致大批死亡，造成极大的经济损失。食具3~5天用高锰酸钾水消毒一次，可避免球虫卵囊污染垫草和食具。饲料中常加些洋葱、大蒜等，对预防疾病和增强体质有益。

断奶仔兔要增加运动，每天可放在铁丝网围好的运动场内活动2~3小时。体质较弱的可单独饲养。

谨防兽害。幼兔的自卫能力很弱，应特别注意防兽害，不让其他动物接近；还要经常检查笼具是否结实、完好。

2. 母兔的发情周期、发情表现和最佳配种时机应该在什么时候?

母兔的发情周期为8~15天，每次发情持续2~3天。发情是母兔性成熟所引起的母兔性兴奋，有交配欲望的一种表现。发情的表现为：母兔活跃不安，爱跳动，食欲减退，啃咬笼具，主动爬跨。一般是从母兔的生殖器鉴别发情情况，阴部可视黏膜初期粉红，中期大红，晚期紫红，最佳配种时期是发情中期，即：粉红早，紫红迟，大红正当时。实践证明，母兔发情没有一定的规律，因此饲养员应勤检查其生殖器，以防错过发情期。

3. 如何判断母兔是否怀孕?

（1）复配法

在母兔配种后5天复配，拒绝交配的可能怀孕。

（2）称重法

在配种后7~14天内进行2~3次称重，体重明显增加者可能怀孕。

（3）触摸法

触摸法是最佳方法，一般在配种后10~12天是最佳摸胎时间。具体方法：检查者左手抓住兔耳和颈部，兔头朝向检查者，右手拇指和其余四指呈八字形分开，伸向母兔腹下腿内侧，手心向上，由前向后轻轻触摸。如腹内松软如棉状，说明未怀孕。如触摸到像蚕豆大小的椭圆肉球，并有弹性而滑动，即为胎儿，可确诊为怀孕。但必须注意，在母兔吃饱时不宜摸胎。

（4）观察法

怀孕的兔子比较乳头会看得出来，还有脾气会变得很暴躁（也有不暴躁的），尤其不喜欢被碰触肚子，这点切记，碰它肚子容易被咬。抓住它颈部的皮然后托住屁股就可以把它提起来观察，动作要轻柔点，不然它挣扎，抓不住会掉下来导致流产。怀孕的兔通常要到临盆前几天肚子才会很突出，平时是很难观察出来的。不过有一招可以试试，如果兔子性格比较好，不咬人的话，可以碰触它左边肚子，若躲避你的手而移到右边，碰触右边亦是如此，这样一般是怀孕了。如果肚子任人碰，那就未怀孕。

4. 兔子常用的配种方法有哪些？

（1）自然交配

把母兔放在公兔笼内，当公兔爬跨，母兔抬尾迎合交配完毕后，公兔倒向一侧，发出咕咕叫声并蹦足，为配上的标志，待其弥留2~3分钟，将母兔轻轻捉出，将其倒置轻拍臀部，放回原笼，6小时后，再用同一只公兔复配一次，做好配种记录即可。

（2）人工辅助交配

母兔发情接触到公兔后，不愿举尾迎合，公兔无法交配，可采取人工辅助，即拴住母兔尾巴，从背部拉向前方，辅助人一手抓住耳朵和颈部及细绳，另一手伸向母兔腹下靠后肢处，将臂部微微托起，让公兔爬跨。交配完毕，将其分开。

5. 兔子适宜的配种年龄及配种时间应该在什么时候？

这个问题可以从两个方面看：

（1）初配公母兔子

性成熟和初配月龄。獭兔在正常饲养管理和正常营养条件下，公兔性成熟为3~3.5月龄，但初配不能小于4~5月龄，重量须达到2.5千克以上；母兔性成熟为3~3.5月龄，初配不能小于4月龄，重量须达到2.34千克以上方可配种繁殖。

（2）成年公母兔

①频密繁殖

也称血配，即在母兔产后24小时内再次配种，这种繁殖对母兔体况消耗大，影响仔兔成活率。只有在母兔体况好，产仔少时，采用这种方法。

②半频密繁殖

即在母兔产后8~15天，开始检查配种，这是最佳的繁殖，既不影响母兔体况，也可提高繁殖率，但对于体质弱，产仔多时，也不宜采用这种方法。

③延期繁殖

即在母兔断奶以后，开始检查配种，这种繁殖一般在母兔体质弱，产仔多时使用。

重点在线 ZHONGDIANZAIXIAN

第6部分

蜜蜂的养殖技术

1. 日光温室大棚蜜蜂授粉，可以选哪些蜜蜂蜂种？

（1）蜜蜂，有意大利蜜蜂和中华蜜蜂，适合为果树、蔬菜、油料、瓜类、牧草等植物授粉。

（2）熊蜂，主要有小峰熊蜂、密林熊蜂、红光熊蜂、明亮熊蜂和欧洲熊蜂等，适合为茄果类蔬菜、瓜类和果树类等设施作物授粉。

（3）切叶蜂，主要有苜蓿切叶蜂，适合为苜蓿等牧草类作物授粉。

（4）壁蜂，主要有凹唇壁蜂等，适合为早春果树授粉。

2. 冬季蜜蜂的饲料配制方法有哪些？

（1）使用糖浆配制替代饲料

可用锅熬制1千克的蔗糖加333毫升的水，制成的白糖浆直接喂蜂，适宜的使用时间是越冬时，在最后一批封盖子出房前3天应停喂蔗糖，这样做的好处是巢内越冬饲料已经过转化，但越冬适龄蜂未参加酿蜜，故可保持蜜蜂的活性和能量，延长蜜蜂寿命。

(2)使用复配糖浆代用饲料

由蔗糖加乳酸煮沸水解或加酶水解后获得。方法:1千克的蔗糖加500毫升的水,再加0.5克的乳酸煮沸30分钟即可。

(3)使用糖饼配制代用饲料

制作方法与糖浆的方法相似,做成糖饼进行饲喂。用蔗糖酶制成的糖饼较柔软,保存期较长。上述后两种蜂蜜代用品已将蔗糖转化为葡萄糖和果糖,蜜蜂能充分地吸收利用,用作越冬饲料,喂饲时不会引起盗蜂。注意:以上所有的蔗糖不能使用红糖。

3.冬季气温反常,养蜂在管理上需要注意什么问题?

(1)蜂箱上的保暖物不能剥去,以避免箱内温度变化,影响蜜蜂保温生存。

(2)适当调大蜂口。可放出蜜蜂进行飞行排泄。

(3)适当增加一些含有蜂花粉和蜂蜜的饲料。若没有饲料,可喂一些白糖水。补充蜜蜂能量和营养。

(4)不要移动蜂箱。以免摇动蜜蜂过冬团,而造成死亡。

4.蜂螨对蜜蜂有哪些危害?

蜂螨系节肢动物门、螯肢动物亚门、蛛形纲、蜱螨目、厉螨科。蜜蜂的体外寄生螨,一生均在蜂巢房内繁殖。个体发育分3个阶段,即卵、若螨和成螨。在未封盖的幼虫房中产卵,繁殖于封盖幼虫房,寄生于幼虫、蛹及成蜂体,吸取血淋巴,造成蜜蜂寿命缩短,采集力下降,影响蜂产品产量。受害严重的蜂群出现幼虫和蜂蛹大量死亡。新羽化出房的幼蜂残缺不全,幼蜂到处乱爬,群势迅速削弱。

受大蜂螨危害严重的蜂群,在蜂箱前可见到许多蜂体变形的幼蜂,翅不能伸展或残缺,工蜂体型变小,雄蜂的性功能降低,蜂王寿命缩短。幼虫在产生眼睛色素时如被2~3只大蜂螨寄生,体重将减少15%~20%,大蜂螨吸食蜜蜂体液，可使蜜蜂每2小时减轻体重0.1%~0.2%，飞行能力也降低。如在幼蜂羽化后1~10天寄生大蜂螨，蜜蜂的寿命减短50%。此外，被大蜂螨危害的蜜蜂，由于身体被刺穿伤口，很容易造成蜜蜂麻痹病病毒的侵入，感染麻痹病。蜜蜂被大蜂螨寄生后，经常扭动身体，企图摆脱，结果造成蜜蜂筋疲力尽，虚脱死亡。正在发育的蜂群，因蜂螨的寄生，蜂群群势减弱。受害严重的蜂群，各龄期的幼虫或蛹出现死亡。巢房封盖不规则，死亡的幼虫，无一定形状，幼虫腐烂；但不粘巢房，易清除。死蛹头部伸出，幼蜂不能羽化出房。也可在工蜂、雄蜂幼虫及蛹体上见到寄生的大蜂螨。若在秋季繁殖适龄越冬蜂时期之前不及时治螨，蜂群就不能安全越冬，造成严重损失。

中蜂（中华蜜蜂）是大蜂螨的原始寄主，在长期演变过程中，使中蜂产生了抗螨性，主要原因是中蜂清理蜂螨的能力强。

根据巢门前死蜂情况和巢脾上幼虫及蜂蛹死亡状态判断。若在巢门前发现许多翅、足残缺的幼蜂爬行，并有死蜂蛹被工蜂拖出等情况，在巢脾上出现死亡变黑的幼虫和蜂蛹，并在蛹体上见到大蜂螨附着，即可确定为大蜂螨危害。蜂螨检查要从蜂群中提取带蜂子脾，随机取样抓取50~100只工蜂，检查其胸部和腹部节间处是否有蜂螨寄生，根据蜂螨数与检查蜂数之比，计算寄生率。用镊子挑开封盖巢房50个，用放大镜仔细检查蜂体上及巢房内是否有蜂螨，根据检查的蜂数和蜂螨的数量，计算寄生率。春季或秋季蜂群内有雄蜂时期，检查封盖的雄蜂房，计算蜂螨的寄生率，也可作为适时防治的指标。

5.防治蜂螨的主要措施有哪些？

（1）物理防治

用热处理，把蜜蜂抖落在金属制的网笼中，以特殊方法加热，并不断转动网笼，在41℃下维持5分钟，可获得良好的杀螨效果。

(2)化学治螨

①用中药百部煎水喷蜂脾可治蜂螨

方法一:百部20克,60V/V以上白干酒500毫升。将中药百部浸入酒中7天,用浸出液1:1兑冷水喷蜂脾,6天一次,治3~4次,对治大小蜂螨、巢虫均有效。

方法二:百部20克,苦楝子(用果肉)10个,八角6个,水煎至200毫升,冷却滤渣喷脾。

②断子灭杀法

这是杀灭蜂螨最有利和最关键的时期。操作方法是:在蜂王尚未开始产卵、蜂群内尚无封盖幼子、蜂螨主要集中寄生于成蜂体表的时候,选用高效无污染的杀蜂螨药进行杀灭,能将隐匿寄生的蜂螨彻底灭杀。

③人工隔离法

根据小蜂螨在成蜂体上仅能存活1~2天的生物学特性,人为地造成蜂群断子2~3天,使蜂螨由于找不到寄主而死亡。具体做法是:先将蜂群内的子脾用隔离板隔离起来,并将巢箱中的子脾全部调到继箱中(为使蜜蜂能自由出入,可在隔螨板前端开一小巢门),补足空脾供蜂王产卵,然后换上隔螨板代替隔王板,隔离子脾约24天后,继箱中的蜂螨随工蜂羽化出房后,因得不到食物和无幼虫作繁殖场所而死亡。采用此法杀螨,有效率可在90%以上。

④挂药熏蒸法

用图钉将熏蒸杀螨药片,如熏烟剂(纸片2号烟剂、敌螨熏烟剂等)、熏蒸剂(螨扑、升华硫磺、甲酸等),固定于蜂群内第二个蜂路间,呈对角线悬挂,使用剂量为强势蜂群2片,弱势蜂群1片,3周为一疗程。因为熏蒸杀螨药片具有挥发持续时间长,对陆续出房的蜂螨可相继杀灭的功效,故防治效果极佳,最高可达100%。采用此法,只要在随同检查蜂群时将药片挂在巢脾上即可,不需另行开箱,与喷雾、熏烟治螨法相比,可提高功效5~10倍。

⑤带蜂喷药法

先将触杀型的杀蜂螨药(如杀螨1号、速杀螨、敌螨1号等)等按每毫升药剂加300~600毫升水的比例配制成药液，充分搅拌后装入喷雾器中，均匀喷洒在带蜂巢脾的蜂体上（喷至蜜蜂体表呈现出一层细薄的雾液为宜），然后盖好蜂箱盖，约30分钟后蜂螨即因急性中毒而从蜂体脱落，24小时内即可全部死亡。

6.蜂蜜为什么会结晶？结晶的蜂蜜好不好？

一般来说，结晶的蜂蜜也是好蜂蜜。蜂蜜结晶方式大约可以分为两种，一种是自然结晶，一种是人工结晶。自然结晶的蜂蜜才是好蜂蜜。蜂蜜的结晶，实质上是葡萄糖从蜂蜜中析出被分离的一种现象和过程。在蜂蜜里葡萄糖分子本来是毫无秩序地运动着的，但蜂蜜里葡萄糖超过它的溶解度，成为过饱和溶液时，就有一部分葡萄糖分子在蜂蜜里开始有规则地运动、排列起来，形成一个微小的结晶核，成为一个结晶的中心，更多的葡萄糖分子有规则地排列在它的各面，逐渐形成较大的晶体，从蜂蜜里分离出来，这就是蜂蜜结晶。

（1）自然结晶蜂蜜

葡萄糖是自然界分布最广且最为重要的一种单糖，它是一种多羟基醛。以水合物形式从过饱和的水溶液中析出晶体，熔点为80℃。蜂蜜结晶主要受温度、水分、蜜源的影响，属于一种正常的物理变化，其营养成分没有任何损失。当气温较低时蜂蜜会出现结晶（形状呈白色松散固体），并非蜂蜜品质变坏。蜂蜜的主要成分是果糖和葡萄糖，蜂蜜中存在着大量的葡萄糖晶核，当温度低于13~14℃，放置一段时间，蜂蜜中的晶核就会相互聚合，出现结晶。不同品种的蜂蜜结晶性不同，油菜花蜜、椴树蜜等蜂蜜品种葡萄糖含量较高，容易结晶；刺槐蜜、紫云英蜜等蜂蜜品种葡萄糖含量低于果糖，即使在适宜的温度下，也不易结晶。浓度高的蜂蜜比浓度低的蜂蜜容易结晶。例如，纯正的刺槐蜂蜜、枣花蜂蜜一般不结晶，但是市场上不结晶的刺槐蜂蜜和枣花蜂蜜又不能断定是好的蜂蜜，因为掺杂了饴糖的蜂蜜也不易结晶；而纯正的刺槐蜂蜜和枣花蜂蜜又很难采到，因为赶花期的蜜蜂，采完油菜蜜就转入刺槐蜂蜜，枣花蜜期和荆花蜜期有些地区也会交会，因此这些刺槐蜂蜜和枣花蜂蜜也很容易结晶。纯正单一的花蜜非油菜蜜莫属，而油菜花蜜是最容易结晶的，油菜蜜是中国每年上市早、产量大、结晶多的一个单一花种蜂蜜。浓缩蜜由于在进行机械浓缩脱水时，多以加热蒸发工艺为主，破坏其葡萄糖晶核使蜂蜜不易结晶。如果蜂蜜掺有葡萄糖糖浆、果葡糖浆，也会有一定结晶。

（2）人工结晶蜂蜜

自然结晶的蜂蜜，由于结晶条件无法控制，结晶蜂蜜的软硬和结晶颗粒的粗细差异很大，口感及商品性都不是很理想。但是在人工条件下采用的“诱导结晶法”，能轻易将液态蜂蜜或结晶硬蜜制作成口感细腻的油脂状结晶蜜。

7.结晶蜂蜜具有哪些特点?

（1）全面性

即所有的蜂蜜都会结晶。国标《蜂蜜》（GB 18796—2005）把蜂蜜结晶分为结晶、易结晶、极易结晶和不易结晶等几种，到目前为止，尚未发现完全不结晶的蜂蜜。

（2）晶体性

蜂蜜的结晶就是蜂蜜中的各种糖和非糖分子围绕结晶核按照一定规律而形成的晶体。均匀绵密的颗粒汇聚才是典型的结晶状态。

（3）多样性

蜂蜜结晶的多样性是指蜂蜜的结晶颗粒有粗细不同和软硬之分。

（4）温限性

蜂蜜的结晶一般都是在常温条件下自然形成的。秋冬春气温较低，所有的蜂蜜都比较容易结晶。蜂蜜结晶最适温度是13~14℃，蜂蜜一旦结晶，其自然融化过程就会更加漫长，一般不能完全融化；结晶蜜的完全融化，只有在持续40℃以上的温度条件下才能实现。

（5）物理性

蜂蜜的结晶是蜂蜜在较低的温度条件下其组成分子有规律运动的一

种形式，仅在外部形态上有所变化，就像水变为冰一样是物理现象。除了温度，影响蜂蜜结晶的物理因素还有果葡比例和水分，果糖和葡萄糖的比例越小，水分越少越容易结晶。

8. 鉴别真假蜂王浆的方法有哪些？

蜂王浆中的营养保健和药理成分既丰富，又十分协调，具有抗氧化、抗辐射、抗疲劳、抗衰老、养容美颜等多种作用，它所含的癸烯酸（10-HDA）是自然界中其他物质所没有的，而这种物质具有显著的刺激机体淋巴细胞的活性、消炎杀菌、防癌抗癌等作用，因而蜂王浆被人们誉为“软黄金”“生命青春之源”等。直观简单的鉴别方法有：

（1）看

鲜蜂王浆呈乳白色或淡黄色，不易流动，有光泽感，无气泡，上下均匀一致。颜色深重且灰暗，稠度过稀过稠，有的浆体呈气泡状态，可能是假品。优等蜂王浆色乳白，光泽明显，无杂质、气泡，香气浓、气味正，有明显的酸涩、带辛辣、回味略甜，无发酵、发臭等异味，水分为62.5%~67.5%。癸烯酸（10-HDA）指标中国为1.4%左右，超过2.0%的鲜蜂王浆就是被人为提取过王浆酸的蜂王浆。

（2）闻

优质的蜂王浆有独特的清香气，气味平和清淡，如果有腐败发酵的杂味，则为假蜂王浆，太甜可能掺蜜或糖，涩味不足可能掺假。

（3）尝

迟迟才能感到刺舌的涩、酸、苦、辣味，品质低的产品入口会有残渣。

（4）搓

取少许蜂王浆放在手心，用另一只手的手指轻搓，应有细腻感和黏滑感，如果蜂王浆经过冷却，还可发现细小的结晶粒。

9.怎样正确存放和食用蜂王浆?

蜂王浆又名蜂皇浆、蜂皇乳、蜂王乳、蜂乳，是蜜蜂巢中培育幼虫的青年工蜂咽头腺的分泌物，是供给将要变成蜂王的幼虫的食物，也是蜂王终身享用的食物。此分泌物呈乳状，极具营养价值和免疫功能，而且含有极高的长寿因子，蜜蜂和蜂王在卵期是一样的，孵化后吃三天蜂王浆以后改为吃蜂蜜和花粉的长成蜜蜂，孵化后一直食用蜂王浆的长成蜂王，蜜蜂的寿限在1~6个月，而蜂王因一直食用蜂王浆一般能活5~7年。蜂王浆的颜色是根据蜜蜂食用花粉的不同而稍有改变，一般分为乳白色和微黄色。蜂王浆是高级的一类蜂产品，成分为：水分64.5%~69.5%、粗蛋白11%~14.5%、碳水化合物13%~15%、脂类6.0%、矿物质0.4%~2%、未确定物质2.84%~3.0%。蜂王浆中的癸烯酸（10-HDA），含量在1.4%以上，由于自然界中只有蜂王浆中含有这种物质，也是质量测定标记物，所以也把它称之为王浆酸。

蜂王浆可以辅助降低血糖血脂，控制血管扩张，保护肝脏、抗菌、消炎、抗衰老和强氧化性功能等作用。

（1）贮存

蜂王浆贮存需冷藏或冰冻，4℃左右冷藏状态下为3个月，-5℃左右冷冻状态下保存一年，-18℃以下状态保存5年左右。没有冷藏、冷冻条件的，可掺入蜂蜜在室温条件下供临时食用和保存。食用部分主要将1周的蜂王浆量放入小瓶内放在冰箱的冷藏柜内即可。没有冰箱时，可将1~2周的蜂王浆量加成熟蜜按1:3比例混合，放在常温干燥处即可。蜂王浆有怕光怕热的特性，存放应注意这一点。

（2）食用

一般空腹为佳，早餐前30分钟到1小时和入睡前30分钟左右食用，早晚各一次。最好将蜂王浆放入口中舌下含服，待蜂王浆与口温基本一致时，慢慢咽下或用低于60℃的温水送下，因蜂王浆内有天然活性物质，切勿加热食用，也不可用热开水冲服，否则会损失大量营养成分。初服者5克左右，无不适后即可增加用量，正常人的保健量10克，康复者25~30克。蜂王浆只有连续服用几个月或半年才有明显效果，间断食用不会取得理想效果。

10.怎么防治中蜂囊状幼虫病?

中蜂囊状幼虫病是一种病毒性病害，急性型发病，来势猛、传染快，是一种毁灭性病害，一旦急性流行可毁灭70%的蜜蜂。特别是气温低，温差变化大，蜜源不足的季节，发病率高。

（1）主要症状

死亡幼虫多为6日龄大幼虫，约30%死于封盖前，70%死于封盖后。发病初期出现严重的“花子”现象，得病的蜜蜂巢房盖出现大的孔洞，封盖幼虫卷曲。蜜蜂得病幼虫体色由白变黄，继而由褐色变黑色，死虫直卧巢房底，头部翘起，身体末端有囊状物，形状呈龙船状，无黏性，易从巢房中移出，体表失去光泽。用镊子拉出如同小囊，内含液体，末端积聚有透明的液滴。干后容易被工蜂消除。成蜂表现为不安，易离脾，出勤少，易飞逃。

（2）防治方法

①加强蜂群管理

一是选育抗病品系——换王；二是控制病群相互传染；三是蜂箱巢脾消毒等。

②治疗

一是“痹蜂康”，为纯中药内服剂，每小袋可治蜂20脾蜂。二是制药糖浆。配方为板蓝根、金银花、半枝莲各15克，兑水1千克煎20~30分钟滤汁，兑成1∶1白糖浆，每千克糖浆加维生素B_6四粒，维生素C两粒。每群每次饲喂100毫升，坚持至流蜜期为止。

11.怎样防治欧洲幼虫腐臭病?

蜜蜂欧洲幼虫腐臭病是蜂房链球菌引起蜜蜂幼虫的一种恶性细菌性

传染病，是被污染的饲料和污水传播的。

(1)主要症状

欧洲幼虫病一般只感染2日龄幼虫，病虫在4~5日死亡。患病幼虫体色呈苍白色，后渐变为黄色，最后直至黑褐色，并可见白色、呈窄条状背线，在巢房底腐烂干枯，成为无黏性、易清除的鳞片。此病危害幼虫严重时，蜂群中长期只见卵、幼虫，看不见封盖子。尸体软化、干缩于巢房底部，无黏性但有酸臭味。

(2)防治方法

①预防

一是选育对病害敏感性低的品系或换王；二是加强清扫蜂场，病箱严格消毒，用石灰喷洒消毒。饲养强群，终年蜜、粉充足。若少数蜂群发现病情，须坚决做到换脾换箱。

②治疗

一是“蜂洁”，为新型杀菌消毒剂，亦可用链霉素糖浆喂病群，但易造成蜂蜜污染。二是取新鲜马齿苋全株洗净，放入锅内加水适量煮，开锅后用文火煮半个小时，将植株煮烂为止，用纱布包好过滤取其汁(汁呈糊状)，放至温凉后加入煮沸过的蜂蜜即可饲喂。每个病群用200克鲜马齿苋，每隔1天喂1次，3次为1疗程。三是用50毫升/米^{3}福尔马林煮沸熏蒸1昼夜，或0.5%次氯酸钠或二氧异氰尿酸钠喷雾，或0.5%过氧乙酸液喷雾对新加入蜂群的巢脾进行消毒。

12.“惊蛰”过后，蜜蜂管理应注意哪些问题?

“惊蛰”过后，万物复苏，蜜蜂也开始苏醒、劳作。一般在中午气温较高时，蜜蜂都要出来进行飞翔，主要进行苏醒后的第一次排泄。首先要人为将蜂门调大些，便于蜜蜂进入蜂门时流量更多。其次，养蜂人要进行蜂箱卫生清理，检查蜂群过冬情况。第三，要注意进行奖励性饲喂，补充饲料。第四，虽然天气转热了，但由于日温差很大，过冬的蜂箱覆盖物不能全部取掉。第五，蜂箱不宜轻易搬动。第六，随着天气转热，可以对巢脾间的宽度进行调整，适当放大蜂路，利于蜜蜂劳作后进行空间酿造活动。

13.临洮地区能养蜜蜂吗？哪个品种好？

临洮地区是可以养蜂的，但受蜜源植物单一的限制性影响，一是在夏秋季可以进行意蜂的放蜂作业，采集生产蜂产品。二是农户可以定点养殖中华蜜蜂（土蜂），但要注意冬春季节的饲喂。

14.蜜蜂春季管理技术有哪些？

蜜蜂春季管理，是指蜂群经过越冬后，从蜂王恢复产卵直到蜂群发展壮大的整个阶段。在这个阶段，要根据不同的气温、蜜源、蜂群强弱等条件，做好蜜蜂的春季管理工作。

（1）开箱检查

立春后，气温逐渐变暖，要选择晴暖无风及外界气温在14~16℃以上天气，进行开箱全面检查，了解蜂群越冬后的群势和箱内有关情况。巢门不能开大，并且巢门要避风、向阳。但在早春气温低时，要尽量减少开箱检查次数。对越冬后的失王群或弱群，要采取合并，提高箱内空巢脾，缩小巢框蜂路。一般在农历的二月下旬至三月上中旬，可在晴暖无风的中午，开箱清扫，保持箱内清洁卫生，拆除保温物。

（2）补喂饲料

越冬后的早春，蜂群易于缺乏饲料，要采取措施饲喂蜜粉，促进繁殖。一是若蜂群饲料不足，可以按2份糖1份水的比例配制，在晴暖无风傍晚饲喂。饲喂时要把蜜或白糖按比例加开水拌好，趁温热注入空巢脾内或放入喂饲器里，再将注糖的巢脾或喂饲器放入箱内蜂脾外侧。如果是用喂饲器放饲料，要在里面放几根较轻浮的干草，以备蜜蜂在吃糖时爬在草秆上面，防止落入水中淹死。二是早春外界缺乏蜜粉源，补充营养物质是促进蜜蜂繁殖发展的有效办法。用脱脂奶粉1份，鸡蛋清1个，南瓜籽炒香加工成粉1份，黄豆炒香加工成粉2份，蜂蜜或白糖2~3份，酵母片4片，开水4~5份，加0.5份以下的食盐,拌匀后即可注入空巢脾内。在晴天的傍晚进行饲喂,每3~5天喂1次,连续喂2~3次即可,缺蜜群和强群数量要多喂一些。剩余的配制饲料,要用玻璃瓶或胶瓶装好密封,可放入冰箱里保味、保质,以备下次再用。当蜜蜂吃了混合饲料后,蜂王很快就开始产卵,蜂群繁殖亦快。这个时期,要在箱内上面搭上一层干净的旧衣裤或其他布片,帮助蜜蜂调节温湿度。

(3)蜜蜂繁殖

随着外界气温不断回升,蜜蜂已进入发展时期,也是油菜等主要蜜源的花期,这时要抓紧育王分蜂,培育蜂王,更换老残蜂王。凡具备条件的,应采取人工移虫育王,组织交尾群。同时,要抓紧造脾,适当加入空巢脾,扩大蜜蜂产卵圈,促进繁殖,培养强群。选择蜂群摆放场地,要缩短采蜜运输距离,减轻蜜蜂运输负担。要根据蜜源、气温、群势强弱等情况,适当摇取蜂蜜,做到繁殖、取蜜两不误。

(4)病害防治

在春季,蜂王产卵繁殖,蜂群内有封盖子脾时,蜂螨就开始繁殖,且寄生率高,危害性大,必须高度重视,采取有效措施进行防治。

①在早春蜂群内无封盖子脾时,用药物杀灭或用硫黄等药物熏烟防治。

②在饲料里加入适当的抗菌素和磺胺类等药物进行防治。根据不同地区的气温情况,注意寒潮反复,防止蜜蜂伤寒病等。要做到“防重于治”,若蜜蜂发生疾病,应及时治疗。

15.如何防治蜜蜂美洲幼虫腐臭病?

该病多发生于夏季高温季节,主要危害蜜蜂幼虫,导致幼虫体腐烂,故又称“烂子病”。由幼虫芽孢杆菌引起。由于该病发生在蜂群繁殖和采蜜期,因此使群势削弱,生产能力下降,治疗期较长,是养蜂生产中具有毁灭性的病害之一。

(1)症状及诊断

患病蜂群中,封盖子脾颜色变深,表面湿润,油光,仔细观察有针头大的穿孔，蜂房盖下陷。该病一般是2日龄幼虫感染，4~5日龄时出现症状，封盖后死亡。体色变化为：苍白—淡黄—浅褐—棕褐—黑色（干枯）。患病幼虫头朝上，尾尖在巢房底部，腐烂后的幼虫尸体具黏性，有鱼腥臭味，挑起时可拉丝7~10厘米，干枯后呈鳞片状，紧贴巢房壁，较难清除。该病除典型症状外，还可用牛奶鉴别诊断，该病菌能使浑浊的牛奶凝固沉淀。

（2）预防和治疗

①可通过在越冬包装前对巢脾和养蜂工具彻底消毒；生产季节严格遵守卫生操作规程；不购买来路不明的饲料和蜂群；对发病蜂群隔离治疗；彻底换脾换箱；用0.1%磺胺噻唑钠或呋喃西林、适量抗生素等常年性预防喷喂。

②用磺胺噻唑钠0.5~1克/千克糖浆（50%）喷脾，同时结合饲喂，效果较好。中国蜜蜂研究所蜂药厂生产的“保幼康”效果也好，每个疗程用药3~4次（每4天一次），一般2个疗程便可治愈。

16. 蜜蜂农药中毒怎么办？

（1）中毒现象

蜜蜂农药中毒时会突然出现大批采集蜂死亡，第一天到第二天死亡蜜蜂骤增，强群死亡量大，弱群死亡量小，而幼蜂组成的交尾群几乎不死蜂，在巢门前会发现大量采集蜂发抖、打滚，肢节麻痹，死蜂吻伸出，翅后翻，肢节内弯，中肠皱缩。严重时死亡的采集蜂后足带有花粉团。开箱检查时，发现箱底有许多死蜂，提脾时工蜂纷纷落下，巢脾和蜂体显得潮湿，幼虫脾出现拖虫现象。

（2）避免措施

为了避免或减轻蜜蜂农药中毒，养蜂人员要了解各种农药的特性和使用知识，经常与农业、林业、植保部门取得联系，及时了解用药时间、用药范围、用药方法及农药种类与浓度，蜂场应根据施药情况采取相应管理措施。施药单位或个人应考虑对蜜蜂的安全问题，根据虫情尽量不在开花期打药，急需施药时应选择对蜜蜂低毒而且残留期短的农药，一般应采用对蜜蜂毒害较小的水溶液喷雾法。

（3）防治方法

施药时间应选在早晚蜜蜂出巢或回巢后。在不影响药效的前提下，可加入适量的蜜蜂驱避剂，如石炭酸、煤焦油等。在放蜂场地附近大面积使用剧毒或高毒农药时，应在当天早上蜜蜂未出巢前关闭巢门，在此期间要保持箱内饲料充足，通风良好，经常喂水。如施药时间较长，应暂时把蜂群搬到安全地方。蜂群已发生农药中毒的，应立即清除箱内有毒巢脾，速喂稀释蜂蜜水（1∶3）或在蜂群框垄上喷洒少量的水。如有机磷类农药中毒，可在250克蜂蜜水中加1%硫酸阿托品2毫升；也可用2毫升解磷定加水11~15千克摇匀后喂蜂。如有机氯农药中毒，可在250克蜂蜜水加磺胺噻唑钠注射液3毫升或1片片剂喂蜂，也可用甘草100克、金银花50克加2升水煎制后喂蜂。

17.秋季养蜂管理的要点有哪些？

（1）更换蜂王

老劣蜂王产子少，冬季死亡率高，来年春季产卵高峰期持续时间短。因此，必须在秋季培养一批优良的新蜂王。换下的蜂王可以组成双王蜂，让其继续产卵，待其停产后处理。

（2）培养适龄越冬蜂

用白露产的卵（即白露子）培育出来的蜂，是最好的越冬群。

（3）饲喂越冬饲料

时间一般在越冬子出完以后开始，糖水比以1∶0.6为宜。要集中在2~3天内喂完。

（4）防止盗蜂

秋季蜜源终止时容易发生盗蜂，这时应将蜂群散放。并放一只空箱收集老蜂，严重时应转移蜂场，切忌在蜂场滴漏水和蜂蜜。

（5）积极治螨

一般分两次进行，第1次在培养适龄蜂以前，第2次在蜂群进入越冬、自然切子初期。用药前应喂蜂。

(6)适时断子

在蜂群培育越冬蜂后进行断子。加大蜂群出路(15~20毫米),从蜂群中提取花粉脾,撤出保温物,用蜂蜜占去大量巢房,迫使蜂王提早断子,蜂群提早团结;或将蜂王关闭,促使其停止产子。

18.设施作物蜜蜂如何授粉?

(1)蜂群组织

①蜜蜂蜂群组织在秋末,通过培育蜂王,将大蜂群扩繁成1只蜂王、3脾蜂的授粉标准群。

②熊蜂蜂群组织授粉植物开花前,在温度为29℃左右的饲养室把熊蜂蜂群繁育成有40只左右工蜂且拥有大量卵、虫、蛹的授粉蜂群,并转入20℃左右的饲养室继续饲养;在放入温室前3天,将熊蜂群移入15℃左右的低温饲养室饲养,同时,在巢箱内加适当适量的脱脂棉或碎纸屑进行保温。在熊蜂移入温室前,蜂箱内保持充足的花粉和糖水。

(2)蜜蜂配置

蔬菜棚意蜂按一个标准授粉群承担600米^{2}的面积配置,熊蜂按照一个标准授粉群承担1000米^{2}的授粉面积配置。为桃、杏、樱桃、梨等开花较多的果树授粉,对于面积为500~700米^{2}的普通日光温室,根据树龄大小和开花多少,每个温室配置2~3群的标准授粉群。摆放蜂箱支架高度30厘米左右。

(3)蜜蜂管理

①加强保温。温室内夜晚温度较低,蜜蜂结团,外部子脾常常受冻。

②喂水。温室内蜂群的喂水通常有两种,一是巢门喂水,采用喂水器进行喂水;二是在蜂箱前约1米的地方放置一个碟子,每隔2天换一次水,在碟子里面放置一些草秆或小树枝等,供蜜蜂攀附,以防蜜蜂溺水死亡。

③喂糖浆。巢内饲喂糖水比为2:1的糖浆。

④喂花粉。将蜂蜜加热至70℃趁热倒入盛有花粉的盆内(蜜粉比为

3:5)，搅匀浸泡12小时，让花粉团散开。

(4)温室管理

①隔离通风口

用宽约1.5米左右的尼龙纱网封住温室通风口，防止温室通风降温时蜜蜂或熊蜂飞出温室冻伤或丢失。

②控温控湿

蜜蜂授粉时，温室温度一般控制在15~35℃；熊蜂授粉时，温室温度一般控制在15~25℃。中午前后通风降温时，温室内相对湿度急剧下降。对于蜜蜂授粉的温室，可以通过洒水等措施保持温室内湿度在30%以上，以维持蜜蜂的正常活动。

③用药注意事项

在植物开花前，不能使用残留期较长的农药如敌敌畏、乐果等。在植物开花期间，要避免使用毒性较强的杀虫剂如吡虫啉、毒死蜱等。如果必须施药，应尽量选用生物农药或低毒农药。施药时，一般应将蜂群移入缓冲间以避免农药对蜂群的危害，如在施用百菌清等杀菌剂时，或夜晚采用硫黄熏蒸，防治作物灰霉病和烂根病等病害时，将蜂群移入缓冲间隔离一天，然后原位放回即可。利用熊蜂为设施茄果类授粉时，不宜再喷洒2.4-D和赤霉素等植物生长调节剂。

19. 蜜蜂越冬前应注意哪些事项？

(1)越冬前期首先要彻底治螨

利用临近冬季气温低、蜂王断子、不产卵的有利时机，用螨虫净对蜂群连续喷药3天，彻底治螨。

(2)注意蜂箱的位置

一般应放在背风向阳、干燥暖和的地方，这样可使蜂群不受寒潮和冷空气的袭击。蜂箱应放置在离地面10~15厘米、坐北朝南的屋檐下为最好，也可放在干燥的山洞内藏蜂越冬。因为山洞里冬暖夏凉，蜂箱的出入孔要朝向洞内。

(3)注意巢门的调节

巢门高度一般为7毫米,宽度为60~70毫米。在严寒到来之前巢门要适当遮荫,减少阳光直接射入蜂巢内,促使蜂群团聚保温。蜂箱固定后,不能随意搬迁和挪动,以免惊扰蜜蜂,使巢内蜜蜂因骚动而消耗热量。

(4)注意备足冬蜜

入冬前要细心检查蜂巢内蜂蜜的库存情况,虽然蜜蜂在越冬期间是处于半休眠状态,可是饥饿仍是蜜蜂冬季死亡的原因之一。要确保蜜蜂有足够的食物越冬,每箱应备足1.5~2.5千克蜂蜜,蜂蜜不足的可以用熟蜜1份、白糖4份拌和揉成药丸添入脾饲喂,这样不会出现春衰。添加蜜脾时,最好在晴天中午进行。喂足蜂群的越冬饲料。在当地最低气温(夜间)14℃以前,用1周的时间突击饲喂越冬饲料。平均每板蜂蜜糖量达到700克以上。傍晚熬制优质白糖饲喂蜂群。

(5)注意合并弱群

通常是在蜂王停止产卵时,就把淘汰的老蜂王去掉,将其蜜蜂和子脾合并到其他的蜂群。

(6)注意覆盖保温

根据“弱群厚,骚群薄”的原则,在蜂箱上覆盖3~5层厚纸或草帘,冬至以后在蜂箱顶上用麻袋遮盖,但必须在蜂箱前留下出巢门。做好蜂箱保温。当外界温度低于-5℃时,及时对蜂箱覆盖保温,用干草等物围住蜂箱并用防雨布覆盖,预防阴冷雨雪天气。

20.蜜蜂怎样越冬?

(1)防热

蜜蜂越冬的适宜温度是-2~8℃。这时蜜蜂在蜂箱内团结靠食蜜糖维持生命,处于休眠状态。但整个越冬期气温在8℃以上的天数较多,蜜蜂活动量大,饲料消耗多,工蜂老化快,不易春繁,会推迟生产期。防热的方法可用通风、洒水或用电风扇降温。

(2)防寒

越冬的蜜蜂处在-2℃以下气温中活动量也会加大。它主要是加大食量,不停地摆腹,靠活动产生热能,抵御严寒。这样既消耗大量饲料,又使工蜂老化缩短寿命。防寒的方法是:小群蜂应在白天多晒太阳,夜晚尽量把门关小,填补箱缝和孔洞。

(3)防干燥

在长期无雪雨的干燥冬季,要防止蜜蜂口渴干燥,在蜂场内适当喷水,增加湿度,防止蜜蜂燥渴。

(4)防潮湿

冬季蜂箱内湿度在70%~80%为最佳,80%以上饲料易变稀、变质,蜜蜂食后易患大肚病和痢疾。如果湿度较大,蜂箱下应放一层塑料薄膜,或在蜂箱周围撒生石灰和干炉渣。在10℃以上的晴朗天气,可有计划地让蜜蜂进行排泄、爽飞。

(5)防闷

蜜蜂在箱内时刻离不开新鲜空气。要防止尸体、杂物堵塞巢门,闷死蜂群。大雪天,更要防止雪将巢门封闭。

(6)防病害

蜂箱要保持清洁卫生,注意消毒。冬季老鼠会啃箱吃蜂毁脾。在蜂场如发现老鼠活动,要利用毒饵、器械捕杀。

(7)防震

蜜蜂喜欢安静、怕震动。尤其在越冬后期,蜜蜂体质很弱,腹内积粪难以忍受,若受震动往往落脾,冻僵死亡。因此,在蜂场内严禁敲击剧烈发声的器械和放鞭炮。

(8)防饥饿

整个越冬期的饲料是否优质量足,是越冬成败的基础。优质饲料蜜蜂食后大部分被消化,蜂群安静稳定,寿命长,春繁迅速,不春衰。劣质饲料蜜蜂食后,消化少,剩下渣子多,粪便在肠内容纳不下,易形成大肚病,下痢严重,轻者部分病死,重者全群死亡。优质饲料应在秋末提取封盖时蜜脾。

如流蜜过后，应早喂优质糖浆，让蜜蜂充分酿造。

（9）防光照

蜜蜂具有趋光性。冬季蜂场如在室外，要予以遮盖避光，尽量减少蜜蜂空飞。

（10）防饲料结晶

蜜蜂没有牙齿，饲料结晶蜜蜂无法食用。防结晶的方法：一是用优质蜜作饲料，如槐花蜜、枣花蜜；二是用白糖液作饲料。蜂场过于干燥时要洒水，保持适宜的湿度。

21. 冬季温棚蜜蜂授粉时，蜜蜂为什么不爱出巢？

蜜蜂不爱出巢有多种原因，主要是温度问题。蜜蜂正常工作最低温度是14℃。有时棚内温度已超过14℃，蜜蜂仍然不爱出巢，这是因为棚内昼夜温差大所致。有的大棚保温不好，夜间降到5℃以下，甚至降到0℃，这时蜜蜂在巢内已形成蛰居状态，第二天温度虽然上升到14℃以上，但是蜜蜂苏醒慢，仍不活跃。要想解决这个问题，应尽量设法使棚内夜间温度保持在8℃以上，使蜜蜂早晨提前出巢工作。

22. 如何正确服用蜂花粉？

蜂花粉是蜜蜂采集植物的花粉，再经蜜蜂加工而成的花粉团状物。

蜂花粉的主要功效：一是调节神经系统，促进睡眠，增强体质。二是改善肠胃功能，促进消化，增强食欲，防治习惯性便秘。三是保肝护肝，防治贫血、糖尿病、前列腺肥大、心脑血管疾病。四是调节内分泌，改善机体功能。五是治疗慢性支气管炎和黏膜病等。另外，它是既可口服又可外用的美容佳品。

科学食用蜂花粉的方法：一是将干燥新鲜的蜂花粉和蜂蜜1:4混合在瓶内，每天搅拌2~3次，7天后变为膏状，我们称为花粉膏，一般是成熟蜜制作的可以在常温下存放。因为植物界在长期的进化中将花粉壳制造得相当坚硬而具有致敏性，花粉壳用有机物和机械无法进行破壁处理到位，只有通过此法才能将花粉粒的营养物质从花粉孔中反渗出，才能克服花粉壁的致敏性而直接从人体中排出。二是每天早晚空腹一勺，舌下含15分钟，在口中自然直接吸收多半，再用60℃以下的温开水送服干净为宜。注意事项：服用花粉膏，贵在坚持。

23. 如何正确保存蜂蜜？

（1）蜂蜜的本质是糖的过饱和溶液，呈弱酸性。在贮存过程中，尽量不要接触到铅、锌、铁、铝等金属，这些金属会和蜂蜜发生化学反应造成污染。因此，家庭盛装蜂蜜时，最好选用玻璃瓶、瓷器、瓦缸、塑料瓶等非金属容器。

（2）容器要清洁卫生，装蜂蜜的容器要清洗干净并晾干。未经浓缩的天然成熟蜂蜜最好不要罐装太满，以防蜂蜜发酵外溢，又或者受热、振荡时胀破容器。取蜂蜜的勺子也最好不要沾水，防止污染蜂蜜。

（3）蜂蜜具有很强的吸湿作用，即便是成熟蜜，如果长期在潮湿的环境下，也会吸湿发酵。保存蜂蜜应选择在干燥、清洁、通风和无异味的室内。但外界温度过高时（超过30℃），要盖紧后放在冰箱里储存。

所以，蜂蜜最好储存在干净、清洁、通风和无异味的室内，盛装蜂蜜的容器最好选用玻璃瓶、瓷器、瓦缸、塑料瓶等非金属容器。

24. 如何培育中蜂大群？

养过蜂的人都知道，中蜂成熟了自然要分群。强群中蜂如果不会分群，面临的将是衰败与绝种。中群一般养到4~5框蜂就要产生分群热。一旦分群，群势立即减弱，巢虫乘机入侵，在炎热缺蜜的季节常弃巢飞逃。中蜂分群性强，群势弱，抗巢虫和囊状幼虫病能力差，爱咬巢脾，但是中蜂有充分利用零星蜜源的优势，在没有大片集中蜜源条件的地方，饲养中蜂还是比意蜂好。如何维持中蜂大群，是饲养技术关键。

(1)蜂王选育

蜂王决定蜂群的生产性能,也是获得蜂产品高产、稳产的决定因素之一。培育蜂王要从适应性强、分蜂性弱、维持大群、采集力强的优良蜂群中进行复式移虫,或在该群中挑选粗壮正直的自然封盖王台,等待处女王出房交尾产卵后,再挑选出体大、腹部修长、尾部略尖、行动稳重、产卵动作迅速的优质蜂王。优质新蜂王不但能提高产卵量,而且产卵整齐无雄蜂,为春繁以至于夺取高产创造条件。

(2)控制分群

在群势迅速增长阶段,要控制雄蜂数量的增长,消除雄蜂蛹脾,毁掉王台基,增加巢脾,避免蜂群情绪低落、采集力减退等现象的出现,要注意充分发挥蜂王的产卵力和幼蜂的哺育力,增加整个蜂群里的哺育负担,使蜂王的产卵力和工蜂哺育力相互适应。在炎热的夏季要扩大巢门,注意给蜂群遮荫通风,给蜂箱外洒水增加湿度,降低巢温。适当给蜂群补给盐分,可在喂水槽中加适量食盐(0.5%)让蜂群自由摄取。如蜂群在流蜜期有分群热苗头,可把该群的蛹脾抽出与弱群的空脾或卵虫脾(均要抖掉蜜蜂)交换。交换后该群没了蛹脾,增加空脾和卵脾,加重了工蜂的哺育负担,分群热自然会解除。

(3)防病治虫

一是由病毒引起的囊状幼虫病,对中蜂是致命性的,往往有全群覆灭的危险,甚至很快传染到其他蜂群。对此病要防重于治,一般应用清热解毒药预防。在4~5月此病易发期用"金不换"(中药)煎水,加入糖浆饲喂或喷喂。一旦发现有囊状幼虫病时,用抗病毒药加入糖浆喷喂。二是巢虫生命力很强,繁殖力十分惊人,对中蜂危害性最大。它在春末的高温季节钻穿巢脾,蛀食蜡质和蜜汁,吐丝结茧,毁坏巢脾,害死蜜蜂幼虫。预防方法:首先要整修好有缝隙的巢箱;其次及时将多余的空脾和老脾抽出,用硫黄熏杀,使蜂多于脾;在有蜜源季节要促使工蜂多造新脾更换老脾,此外,要经常检查和清扫箱底,使巢虫无藏身之地。

25.如何做好蜜蜂流蜜期管理?

主要蜜源植物的开花期叫流蜜期,这段时间往往是繁殖和取蜜的关键时期。

(1)在主要流蜜期,实行强群取蜜,弱群繁殖;新王群取蜜,老王群繁殖。

(2)蜂蜜一经成熟,要及时收取。

(3)意蜂在群势达到8脾以上时,可加继箱。将带蜂的成熟封盖子脾提2框放入继箱,再用2个空脾填补巢箱的空位,巢箱和继箱间加隔王板。继箱内的子脾应集中于中央,两侧各加1蜜脾及空脾,外放隔板。

(4)中蜂在流蜜期容易产生分群热。在强群取蜜时,一定要去掉老王,处女王群要注意废除王台。产卵的新王群对取蜜有利。

(5)夏季天热雨多,敌害多,注意防治。应把蜂群置于通风、阴凉和排水良好的树下和荫棚下,切不可让太阳直晒蜂箱;室内楼上若通风不良,不宜安放蜂群;箱内箱外在大晴天要喷水降温;安放在室内的蜂群,要注意清除蜘蛛和蜘蛛网;注意防治蚂蚁、胡蜂和蟾蜍,特别是天蛾的危害;保持巢内有存蜜,中蜂要严防飞逃。

(6)多进行巢门外观察,少开箱检查蜂群。

26.怎样正确冲调蜂蜜?

蜂蜜是营养丰富的天然食品,常喝可改善胃肠功能、提高免疫力、保养皮肤、延缓衰老。正确冲调蜂蜜的方法是:

(1)蜂蜜忌用开水冲调和高温煮沸。因为它含有果糖、葡萄糖、维生素、微量元素、有机酸、核酸、多种氨基酸及帮助人体消化吸收、促进物质代谢的成分——酶,而高温恰恰破坏其部分活性酶及维生素C,这样一来就与糖水无异。

(2)最好用温开水(60℃以下)冲调蜂蜜水。一般来说,盛夏季节,平时火旺的人,宜用凉开水冲调。秋冬季节、虚寒体质的人宜用温水冲调蜂蜜。

饮用蜂蜜水，在饭前1~1.5小时或饭后2~3小时较适宜。胃酸过多者、胃病患者最好在饭前1小时温开水冲喝。

（3）早起喝完温开水后，再喝蜂蜜水。经过一晚上的睡眠，身体中的水分大部分已被代谢，血管显得较为黏稠，因此早上起来第一杯水应当饮用100~120毫升的温开水，以冲淡血液中黏稠度，同时温水也能够避免刺激心脑血管，是早上第一杯养生水。至于蜂蜜水，应当在喝了温开水后约0.5~1小时后饮用，比如配合着早餐喝一杯蜂蜜水，能够有效帮助肠道蠕动，进而达到在早晨清除宿便、排毒养颜的作用。值得注意：蜂蜜水尽量不要和致泻或寒凉食物同时用，如豆腐、韭菜等，否则易引起腹泻。蜂蜜水不能用金属器皿作饮水器。每天食用蜂蜜量最好不超过30克（1汤匙）。

27.如何用传统方法对中蜂进行人工分群?

中蜂土法饲养的蜂群产生了分群情绪时，蜂王始终活动在王台附近。捉住蜂王，关进王笼。把箱搬开，在原址上挂一草帽，蜂王放入其中。在蜂箱新选址的地方，倾斜蜂箱，在箱外敲打几下，留下一个王台，稍后放好。这时有三分之二的蜂飞回草帽，让其静止两三小时，晚上过箱，箱放原址，奖励饲喂。时间掌握在天黑前三小时进行，旧箱蜂蜜晚上同时割取。取蜜后蜂巢变小，有利保温，也为造新脾腾出空间。

28.土蜂突然出现大量死亡该怎么办?

蜜蜂外出起始气温要在15℃左右，否则会影响蜜蜂采花的积极性。但日均气温在4~5℃左右时，白天气温难达到10℃以上。连日低温、阴雨，蜜蜂飞不出去，也不会在蜂箱里排泄，不排泄就吃不下饲料，恶性循环会出现蜜蜂成群死在蜂箱里，更谈不上幼蜂的繁殖。蜜蜂很爱干净，在蜂箱里不排泄。换句话说，蜜蜂是被憋死的。蜜蜂不会在蜂箱排泄，持续阴雨导致蜂成群“憋死”。一般情况，蜜蜂六七天不排泄，问题不大，但连续下20多天的雨，蜜蜂就受不了。

建议：在遇到10多天的连阴雨时，给蜜蜂搭建一个棚顶，建造出能小范围飞翔的空间，让蜜蜂出来飞行排泄。

29. 处女王交尾加巢脾被围怎么办？

（1）原因

一是蜂飞在巢外，逗留时间过长；二是巢内无幼虫、蛹的脾。如果两个条件同时存在，蜂王定会被围。

（2）措施

如果发现蜂王被围，可把蜂王立即纱笼关起，过几小时后再放开。晴天的午后观察巢门，如果乱爬的蜂较多，要重点检查该群蜂。

30. 能不能用大铁锅熬制土蜂蜜？

不可以用大铁锅连巢脾一起熬制。原因是：

（1）大火温度超过60℃，彻底破坏了生物酶等最有营养价值的物质。实验表明：分别用20℃、40℃、60℃、80℃和100℃不同温度处理的蜂蜜，检测蜂蜜的酶值20℃、40℃、60℃结果均为26左右，没有明显变化。80℃的蜜酶值为16，明显下降，100℃的蜜酶值结果小于4，相当于未检出。

（2）由于蜂蜜属于弱酸性的液体，能与金属起化学反应，在贮存过程中接触到铅、锌、铁等金属后，会发生化学反应。

（3）不卫生，蜂巢中蜜蜂生产生活中产物受外界环境影响，如土、灰、沙和其他病菌的粘附。

（4）用大铁锅连蜂巢一起熬制出的蜂蜜不是真正的天然蜂蜜，只是甜味剂，与糖一样。

（5）用大铁锅熬巢脾，上面粘有蜂王、大量的工蜂、雄蜂，一起损失了，那不是全军覆没了？

31.发生白蛆,蜜蜂停止繁殖,蜂仔死亡,怎么办?

这是出现蜜蜂巢虫的状况。巢虫是蜂群的主要敌害之一,一年四季均可为害,特别是炎热的夏季为害更严重。巢虫是蜡螟的幼虫,常见的有成虫和幼虫2种。成巢虫体长3毫米左右,幼巢虫2毫米左右。巢虫繁殖快,卵和幼虫生活力很强,危害性极大。主要危害弱蜂群,并在巢房底部吐丝作茧,在巢脾中打隧道,蛀坏巢脾,在巢脾上蛀食蜡质,并伤害蜜蜂幼虫和蜂蛹。被害蜂群轻则出现秋衰,影响蜂蜜的产量和质量,重则可致蜜蜂弃巢逃走,造成损失。故在蜂群度夏期间,务必做好对巢虫的预防和杀灭工作。

(1)预防技术

①抓好蜂群的饲养管理

由于巢虫主要为害弱蜂群,因此,要在夏季到来时管理好蜂群,使其由弱群变为强群,增强其防御巢虫的能力。

②抽掉旧巢脾

在夏季要抽去旧巢脾,使其巢脾相称,蜜蜂集结护脾,抵御巢虫危害。旧巢脾抽出后应及时化蜡,不可长时间放置,以免造成巢虫危害。

③培育强群

巢虫为害的主要对象是弱蜂群。如果能培育出强群,就可大大增强抵抗力,防止或减轻巢虫为害。要及时合并弱群。

④清洁蜂箱

做好巢箱的清洁卫生,要经常打扫蜂箱,及时清除箱内的蜡屑和残渣,消灭巢虫孳生地,给蜜蜂营造良好的生活环境。

⑤贮藏巢脾要封严。

⑥消灭巢虫

抽出被害的巢脾,找出蛀道,用镊子顺着蛀道夹出巢虫。将巢脾放在阳光下晒15~20分钟,待巢虫爬出来时将其消灭。

(2)化学防治

①集中巢虫

将受害巢脾集中起来,用10%的盐水灌脾,1小时后抖出巢虫。

②二氧化硫

是硫黄燃烧产生的烟雾。每箱巢脾按充分燃烧5克硫黄计算,将盛硫黄粉的瓷碗放在一只空蜂箱内,加入红煤球使其点燃,上面可叠加4~5箱果脾,密闭熏蒸,隔半个月再熏蒸一次。

③二硫化碳

每个继箱放8~9个巢脾,用二硫化碳10毫升滴在滤纸上,置框梁上,密闭熏蒸2日,隔半个月再熏蒸一次。

④冰乙酸

每箱巢脾用98%冰乙酸10~20毫升,用法同上。

32.炎热季节蜜蜂的管理要点是什么?

(1)留足饲料和奖励饲喂

在有蜜源的地区,每群要经常保有2个蜜脾,1个花粉脾。在无蜜源的地区,除每群巢内留2~3个蜜脾和1个花粉脾外,另外为每群预先储备2~3个封盖蜜脾,1~2框花粉脾,以便随时给饲料不足的蜂群补充。在没有蜜源的地方,抽出空脾,缩小蜂巢,5框蜂留2个蜜脾,2个子脾,适当控制蜂王产卵;进行奖励饲喂,使蜂王不停止产卵,也不多产;缺粉时,补加花粉脾饲喂花粉;使蜂群经常保持2框子脾。

(2)调整群势和架设凉棚

在有蜜源的地方,生产群要保持在12~15框蜂,并适当控制蜂王产卵。在没有蜜源的地方,单王群的群势可保持在5框蜂左右。群势过强,饲料消耗大;群势过弱,不利于调节巢温和防御敌害。炎热季节,把蜂群放在高大的树荫下。空旷场所要架设高2~3米、宽3米的凉棚,下面可放置蜂群两排。

(3)巢上喂水和设置箱架

在蜂箱上使用铁纱副盖,放上盖布。晴热天气,每日11:00至14:00分别用清水把盖布喷湿。铁纱副盖上湿布水分的蒸发,既可降低温度,又可供蜜蜂吸取,供给蜜蜂育虫。设置高度在50厘米左右的高箱架,把蜂箱放在箱架上,可以减少敌害和雨水侵入巢内,又可避免热气上蒸。

(4)防除敌害

积极捕杀,诱杀胡蜂。多蟾蜍的地方,每晚可在巢门前放置铁纱罩,预防蟾蜍在夜间捕食蜜蜂。如有蚂蚁为患,在箱架四周铺细砂,架子腿涂"灭蚁剂"。

33.怎样养蜂?

(1)场地选择

场地周围2.5千米半径范围内应有充足的主要蜜粉源和辅助蜜粉源,且主辅蜜粉源应搭配适宜。场地宜选择南向近山坡地,阳光充足,背有高山为屏,上有自然遮荫,夏季通南风,冬季西北风,且土质肥沃,蜜源植物生长旺盛,花期长,水量充足,交通较便利的场地。

(2)蜂群的选购

一是购买时间,北方宜在4~5月份,此时正当蜂群繁殖期,外界环境好,饲养易成功。二是挑选方法:在巢门口观察,如工蜂出入勤奋,采集蜂带花粉比例较多的,一般是好群。再开箱检查,如工蜂安静不惊慌,说明性情温顺;如蜂王体大、足粗、身高、胸宽、腹部长而丰满、全身密披绒毛、产卵灵活迅速而不惊慌,说明蜂王年轻健壮,产卵力强。三是蜂群的排列:依场地大小、养蜂多少和季节情况而定。有四种排列方式:单箱排列、双箱排列、交错排列、三箱排列。

(3)饲养

①补助饲养

即在蜜源缺乏时所进行的人工饲喂。其方法有:

A.补饲蜂蜜。可用蜂蜜加温水二成稀释(结晶蜂蜜,需稍加水煮溶)。

稀释后的蜂蜜，可采用灌脾的方法或者倒入框式饲养器内饲喂蜜蜂。

B.补饲糖浆。糖浆是以白糖加水，经加热充分溶解后凉至微温，最好在糖浆中加入0.1%的柠檬酸，以利于消化和吸收，此时不宜用红糖。

②奖励饲养

在蜂群繁殖期和蜜蜂生产期所进行的人工饲喂，一般给少量60%蜜液或50%的糖浆，早春时隔日1次，以后消耗增加，可每天1次，时间从流蜜期前40天起，直到外界有大量蜜粉采入为止。每框蜂每次奖励50~100克糖浆即可。

③饲喂花粉

目的是补充蛋白质饲料。在越冬后期及早春，补给前一年秋季保存下来的花粉，也可用黄豆粉代替。饲喂方法：

A.液喂。将花粉加糖浆10倍，煮沸，待凉后放入饲养器内饲喂。

B.饼喂。将花粉或代用花粉加等量蜂蜜或糖浆，充分搅拌均匀，做成饼状，外包塑料纸，两端开口，置于框梁上供蜜蜂采食。遇寒流时，经常采用此法。

④饲喂水分及盐类

一般每个蜂群每天需采水200~300毫升，在饲养器内盛水或在纱盖上放湿毛巾，供自行采水，在糖浆中加入1%的食盐。

(4)管理

①春季管理

A.促进蜜蜂飞翔排泄。巢中央温度提高到33~35℃，有足够的蜜粉源或奖励饲养，及时打开箱盖和保温物，使其出巢飞翔排泄。

B.蜂巢的保温。排泄后即进入繁殖期，需人工保温，紧缩蜂巢，密集群势。多群同箱饲养，箱内、外保温，北方直到4~5月份。

②流蜜期的管理

A.初期调整和组织好采蜜群。

B.保持强群采蜜。控制蜂王产卵，可用隔王板将蜂王限制在巢箱的一区或巢箱中。断子取蜜，可在大流蜜期前5天，从采蜜群中提出蜂王和1~2张巢脾带蜂另组小群，第二天给采蜜群诱入一个成熟王台，可大大提高产蜜量。注意小群管理，对于那些不能采蜜的弱群，应创造条件，促使群势迅速发展。在适当采蜜的前提下，要抓好繁殖，以便补充群势。

③秋季管理

A.培育新王，更换老劣王。

B.培育适龄的越冬蜂。适龄越冬蜂是指在越冬前羽化出房，仅进行过两三次排泄飞翔，没有做过哺育和采集工作，未分泌过王浆的幼蜂。为使越冬蜂能安全越冬，必须控制流蜜期以后出生的幼蜂出生，以保蜂群的群势。控制的方法是在流蜜期一定时候迫使蜂王停止产卵。

C.适时早断子。在培育越冬蜂的后期，先采取蜜粉压脾，用蜂蜜浇2~3次，这样蜂王就会停产，同时将蜂群搬到阴冷的地方，将蜂略扩大1倍，并从蜂巢中提出花粉脾，撤出保温物，即可提早断子。

④冬季管理

A.调节巢门。巢门高6~7毫米，宽60~70毫米为宜。

B.防蜂蜜结晶。加强保温，或由巢门向箱内塞一些湿棉花球，以减少通风。

C.北方室内越冬。应在水结冰、大地未积雪之前入室，入室时，蜂箱在室内应离墙20厘米，第一层离地40厘米。室温保持在0~2℃，湿度保持在75%~80%。

34.在甘肃范围内，蜂群秋季繁殖应注意哪些问题？

为顺利越冬打下良好基础，必须高度重视蜜蜂的秋繁工作。

(1)培育新王，更换老劣王

由于老劣蜂王的产卵力明显下降，所以应在秋季选择良好的种用蜂群移虫育王。将优质的产卵新王更换蜂群内所有老劣蜂王。新王产卵一周后它的产卵力明显上升，此时正是新王产卵的高峰期，也是培育越冬适龄蜂的最佳时期。这样充分地发挥新王产卵力高的优势，来培育出大量的越冬适龄蜂。

(2)秋繁前后,两次治螨

秋季正是最有效的三大治螨时期之一,应彻底对蜂群加以施治。8~9月份是螨害的高发期,此时防治,可为培育健康的适龄蜂打下良好的基础。繁殖后期断子治螨,9月末蜂群已经断子,群内已无子脾,蜂螨完全暴露于外,此时采用正确的方法加以治疗,秋繁的越冬蜂将不会因螨害而影响越冬效果。

(3)奖励饲喂,促进产卵

在外界蜜源不佳或阴雨天时,外勤蜂采不到新鲜的花蜜,可在傍晚用糖水比例1:0.7的糖浆对蜂群进行奖励饲喂。进一步刺激蜂群,使蜂王的产卵力达到顶峰。

(4)修造新脾,健壮蜂体

抓住外界有利条件大量修造新脾,将颜色较深的巢脾抽出或作为边脾,促使蜂王在新脾或羽化1~2代的浅色巢脾上大量产卵,这样的巢脾羽化出来的幼蜂个体大、体质健壮并且抗病能力良好。

(5)遮荫通风,散热降温

秋繁时期温度相对较高,蜂群逐渐发展壮大,每群蜂数大约都在15足框以上,为了防止蜂群伤热致使蜂儿发育不良,应及时给蜂群遮荫,打开蜂箱大盖的通风口、垫高蜂箱加强空气流通及喂水等措施来达到降温的目的。

(6)预防甘露蜜,防止盗蜂

秋繁后期蜜源渐渐减少,9月中旬以后几乎没有蜜源。此时若逢高温,有的地区会出现甘露蜜中毒现象。如果遇甘露蜜现象,要及时给蜂群补喂充足的饲料来减少外勤蜂的出巢数量,严重时要立即转场,以免后患。同时在秋繁后期做好蜂群的防盗工作。

35.夏季高温季节,如何对蜜蜂降温防衰?

夏季高温季节,蜂群群势呈不断下降趋势,蜂王浆产量骤减。导致秋季群势下降三分之一,有的甚至二分之一以上,蜂王浆产量少至二分之一或停产。这种“蜂群变衰”应该引起大家的注意。

(1)蜂群变衰的原因

①高温

夏季高温时期,气温上升到38℃以上,尤其那些无遮盖的露天蜂场,在太阳暴晒下,气温往往高达40℃以上,迫使大批蜜蜂外出采水降温,巢内蜜蜂日夜不停地扇风,相当于日夜都在飞翔,消耗大量体力。

②干旱

由于高温干燥,使巢内严重失水,这就要大批工蜂去采水,必然影响蜂群的繁殖和生产。

③敌害

夏季敌害多,胡蜂、蟾蜍、蚂蚁、蜘蛛、巢虫等都能危害蜜蜂。

(2)预防蜂群变衰的方法

①防暑降温

为蜂群创造适宜的小气候,减少蜜蜂振翅扇风的劳累,以延长寿命。具体方法:

A.越夏场地应选择在树荫下、竹林等挡风遮荫处。

B.搭棚遮荫。用稻草编成草帘,在蜂箱上搭起凉棚,种上南瓜、丝瓜、扁豆等藤蔓作物,既能增加阴凉度,又有收获。

C.临时转场的蜂场不能搭棚的,可在蜂箱上盖草帘遮荫。

D.副盖上放湿棉絮或海绵,制作与副盖大小相同的棉絮(海绵更好),在冷水中浸透拧干,置于大盖与副盖之间。

E.夜间打开气窗,使巢内外空气对流,减少闷热,但白天仍须关闭。

F.场地灌水,每天早中晚各泼一次,保持场地潮湿,降低地温。

G.扩大巢门,以利散热。

H.垫高蜂箱,这样既能减少地面辐射热,又能使箱底通风。

②充足供水

A.巢内喂水。把一些空脾洗净,灌满清洁水,置于箱内隔板外,由蜜蜂自行吸吮,也可用饲喂槽巢内喂水。

B.巢门口喂水。用大号饲喂槽1个,横放在巢门口,由蜜蜂自由采水。

但槽中要放漂浮物，以防蜜蜂淹死。

C.挖水井喂水。在蜂场前要挖几个水井，以便蜜蜂采水，定地养蜂的可用砖头砌成，四周抹上水泥，井中放漂浮物，让蜜蜂休息采水。

D.蜜桶喂水。桶内装满清水，桶的中间固定一台干净的大麻袋，从桶口拖到桶底。麻袋给采水蜂提供了立足点，蜜蜂可以从桶口逐步到桶底，这样可以避免采水蜂淹死。

E.人工喂水，应加入微量盐水，以促进蜜蜂健康。

③更新蜂王

用新王更替老劣王，可以有效地提高产卵率。用新王替代老王也是预防蜂群变衰的有效措施之一。

④防敌治害

A.狠治蜂螨。夏季蜂群停止了发展，而蜂螨依然发展。秋季蜂群经过越夏，群势下降，而蜂螨寄生率则急剧上升。按常规，幼蜂群在越夏前应开始治理蜂螨，初秋则需重点治理，要治到不落螨为止。

B.防胡蜂。人工拍打法：在蜂场巡视时，见到胡蜂就打死。人工敷药法：对捕获的胡蜂敷药，然后放其归巢，毒杀同伙。药物毒杀法：毒杀胡蜂的药物有“毒杀粉”有机氯杀虫剂及敌百虫剂等，利用胡蜂喜食蜂蛹虫，拌上药粉，杀死胡蜂。毁巢法，烧毁巢穴。

C.防蟾蜍。垫高箱脚，使其可望而不可即。木棒一头钉上3寸钉锉成尖头，夜里用手电配合，将其刺死。用雄蜂子拌上农药，将其毒死。此外，平时蜂场前要铲除杂草，撒上石灰，使之无立身之地。

D.防蚂蚁。可用“灭蚁王”等拌和面粉，放塑料布上，置于箱底。蚂蚁将面粉带回蚁巢后中毒死亡。经常用干燥石灰或食盐撒在蜂箱周围，断绝通道。在蜂场四周，找到蚁穴，用农药灌注，使其中毒死亡。

E.补充营养。夏季蜜粉源缺乏，要补充营养，首先喂足浓糖，使蜂脾上角起白蜡，同时补喂花粉。

36.中蜂春季管理主要采取什么方法?

(1)适时扩大蜂巢,加速群势增长。

(2)蜂场设置喂水器,并定期进行消毒。

(3)定期检查蜂群(晴天14℃以上),清除箱底死蜂、蜡渣、霉变等污物,保持箱底清洁,防止巢虫危害。

(4)保持密集群势,保持强群繁殖,确保春繁扩群快速。

(5)防治螨虫。用杀螨剂连续杀螨2~3次,隔2天一次。

(6)箱内外保温。地面上放置20~30厘米厚干草,蜂箱放在干草上,顶盖小草帘,外盖箱盖,后壁和两侧用草帘包裹,保持箱内空气流畅。白天掀起草帘等覆盖物,便于蜜蜂飞翔。要糊严蜂箱缝隙。

(7)奖励饲喂。调整蜂群当晚即可进行奖励饲喂,喂稀糖浆。每日每群喂糖浆100~200克,有蜜源时少喂或停喂。奖励饲喂的饲料必须经过消毒或确认不带病毒。

(8)箱内保温物随巢群扩大摘除,箱外保温物应在蜂发展满箱、气温稳定时撤除(先撤除上面,再撤除周围,最后撤除箱底)。

(9)提早育王、换王。目前蜂群已出现雄蜂房,选择在能维持强群、产蜜量高、抗病能力强的蜂群中提早培育雄蜂。当雄蜂出房时,根据蜂群数量,进行人工培育或利用自然王台培育一批新蜂王,更换老劣蜂王,强群可进行分群。

(10)低温阴雨天要给蜂群巢门每天喂水,补加粉脾于蜂巢外侧。

最后,要严防农药中毒。春季油菜花期常大量喷施农药,养蜂户要加强与周围种植户的联系,做好蜂群的隔离工作,严防农药危害。

37.中蜂夏季管理要点是什么?

(1)散热除闷

夏天群势一般都是10~16框,主要集中在14框左右,这样在空出的地方可以放水和喂蜜，也利于蜂群歇凉和换气。

(2)保湿驱虫

夏天基本没有中囊病，但是多了巢虫，这个季节是巢虫高发期，所以经常用水泼蜂箱的周围，并且每周把水倒入箱内，作用是把巢虫淋湿和把蜡渣冲出箱外，利于清洁和驱避巢虫。

(3)保持温饱

中蜂缺蜜就会飞逃，要使蜂群保持在温饱线上，才能使其安心发展。

(4)保持安静和紧脾

夏天一动就飞逃。有巢虫把感染的脾提走，脾少后蜂会自动散到蜂箱壁和底板上歇凉，清理渣滓更利于防巢虫。

注意事项。①蜂箱的空间要大，但巢门不可太大，小巢门利于夏天防止蜡蛾和水汽大量蒸发，大巢门利于空气流通和保持水分及氧气。

②夏天如果外界蜜粉充足，蜂群照样发展。

③蜂箱必须放在阴凉处。

④水源越近越好，越清洁越好。

⑤外界温度小于34℃时，巢门开大点可以热传递方式把箱内热量散出来；外界温度大于34℃时，巢门要小点，这样箱外的热量较少传入箱里。

⑥湿度不宜过大。

38. 冬季蜂箱受震动后，蜂团脱落到箱底，该怎么办？

一般蜂团中心温度为14~18℃，表层温度保持在5~10℃，外界温度低于6℃时蜜蜂为安静越冬状态。如果蜂箱受震动后，箱内蜂团脱落到箱底，蜜蜂就像死了一样，这时不要着急，不能再揿动蜂箱把蜂揿上去。处理的方法：对蜂箱加盖草帘增加蜂箱温度，待箱内温度达到8℃左右时，用工具把脱落下来的蜂放到蜂团上，就会自动上去。只要蜂王正常就行，蜂团外围个别蜜蜂活动死亡都是正常现象。

39.怎样防治蜡螟(中蜂巢虫)?

巢虫又称绵虫,蜡螟属鳞翅目,螟蛾科。危害蜂业的蜡螟有大蜡螟和小蜡螟。蜡螟的危害主要是在它们的幼虫期。蜡螟属世界性害虫。大蜡螟是蜂产品最重要的害虫,大蜡螟只在幼虫期取食巢脾,危害蜂群封盖子,经常造成蜂群内的"白头蛹",严重时白头蛹可达子脾数量的80%以上,勉强羽化的幼蜂也会因房底的丝线困在巢房内。

(1)预防方法

通过维持强群、不断地清理巢箱和利用新脾,可以有效防止大蜡螟发生。此外,及时扑打成蛾,清除箱内的蛹、卵块和幼虫也是防治大蜡螟的一项重要措施。卵和幼虫的发育需要较高的温度(30~35℃),过低或过高的温度都会使大蜡螟生长缓慢,甚至死亡。

(2)治疗方法

①物理防治

为防止药剂防治给蜂产品带来的污染,可将蜂具或蜂产品(如巢蜜)进行冷冻处理,在-6.7℃冷冻4.5小时,-12.2℃下冷冻3小时和-15℃下冷冻2小时处理,可杀死大蜡螟。此外,采取水泡脾、水浸脾、水浸蜂箱、框耳阻隔器等方法,也可减轻巢虫的危害。

②化学防治

药剂治疗主要针对贮存的巢脾,蜂群内的药剂防治则相当困难。用36毫克/升氧化乙烯对巢脾熏蒸1.5小时,可杀灭各期大蜡螟。用0.02毫克/升二溴乙烯熏蒸巢脾24小时,也可杀灭各期大蜡螟。此外,熏杀蜡螟常用的药物还有二硫化碳、冰醋酸、硫黄(二氧化硫)、溴甲烷。

③生物防治

大蜡螟的生物防治最有希望的天敌可能是苏云金芽孢杆菌。此外,用核多角体病毒处理巢脾,也可有效防治大蜡螟。使蛾产生放射诱变,以抑制大蜡螟种群,可能是未来防治大蜡螟的一项重要手段。

40. 导致中蜂失王的原因是什么？

（1）与群势有关

中蜂有时新分群越强，蜂数越多，介入的王台越好或新王越大，否则会适得其反。分蜂群2~3框最为恰当，新王也容易交尾，交尾成功率高，产卵快。最好的做法是在新王产卵时，不断抽调老熟蛹脾补入新群。

（2）与子脾有关

中蜂分蜂必须带子脾，因为无子必逃，分蜂时巢内只有蛹，没有幼虫和卵，这显示着蜂群分蜂意念很强，雄蜂多，这种情况是新王易逃和失王的原因。

（3）错投新王

错投的主要原因是分蜂群与蜂王群之间距离太近，或飞行线路彼此交错，新王外出交尾后很有可能错投。当出现新王错投的情况，工蜂也会发生错投和厮杀，引起盗蜂，如不及时处理，则导致蜂王被围，两败俱伤。

（4）敌害

春夏季分蜂，胡蜂、飞鸟、蜻蜓等敌害活动频繁，这也是造成失王的原因。

（5）放蜂位置

中蜂群宜散放，飞行线路要求较好，而且分蜂群（交尾群）与蜂王群的距离应在30厘米以上则较为安全，但外界形形色色的人为干扰，往往影响新王的回巢。

41. 解决中蜂失王的措施有哪些？

（1）查王

最好选择在上午8:00至9:00为宜，这时的蜂王往往在爬行，速度较慢、容易发现。中蜂王失王在5天内会发生工蜂产卵，否则证明没有失王。观察工蜂出勤是否正常，如出勤正常则表示没有失王，不可轻率处理。

(2)对围王的解救

时间愈长处理就愈困难。时间太长可导致围王群连续诱入数只蜂王或王台均不易接受。处理的方法:一是先将蜂团丢入水中,解救蜂王,然后将蜂王用小盒罩在有蜜汁的纸片上,让它安静地吸食蜜汁,以解除疲劳;二是将围王群的空脾抽出,缩小蜂路;三是当夜导入新王或王台(须将新王全身抹上蜂蜜);四是将无王群迅速合并(夜间进行),并行奖饲;五是未受伤的蜂王仍可利用,即导入原群,以度过失王难关。

(3)处理工蜂产卵

一是在夜间将工蜂产卵群搬离原处,关闭巢门,然后在原位置组成一个空箱(内1张子脾,1张蜜(糖)粉脾);二是第二天,将工蜂产卵群的巢门打开,让其中一部分外勤蜂回来,并逐日将工蜂产卵群中的工蜂产卵脾与蜜粉脾全部抽光,迫使工蜂绝食结团,造成一种分化瓦解的氛围,最后剩下来的全部是顽固的产卵工蜂,这时可关闭巢门饿死它们。

(4)补充封盖王台

对中蜂失王的处置,可从其他蜂群中选取已经封了盖的王台,尽量顺着原有的形式,安放于脾下的框梁上,让工蜂泌蜡固定,保护出王;如果补入或培育新王不成功,唯一的出路就是合群了,即将无王群拆散合并到其他有王的群中去。

重点在线 ZHONGDIANZAIXIAN

第7部分

饲料的科学喂养

1. 如何给牛羊补充矿物质元素?

给牛羊补充矿物质元素的主要形式是采用与混合精料一起补饲和制成舔砖，让牛羊直接舔食。

牛羊育肥一般要补饲混合精料，矿物质元素随混合精料一起补饲，使用方便，但要注意混合均匀，尤其是对那些安全量与中毒量范围窄的元素，如硒等，会使牛羊因采食过量矿物质元素而产生不利影响。

制成舔砖，单独配制常量元素和微量元素预混料，让牛羊根据其本身需要自由舔食。舔砖是根据营养学家的配方设计，把家畜所必需的各种矿物质元素包括食盐在内，一起充分混合后经高压压制而成并具有一定强度的块状产品。家畜能根据自身需要，任意舔食这些块状产品，应用起来十分方便安全。对于以放牧为主平常很少补饲混合精料的牛羊，是一种很好的矿物质元素补饲方式。过去舔砖主要由国外畜牧业发达的国家生产，价格较贵。现在中国大部分省区均可生产，质量较好，而价格比国外同类产品便宜得多。

2.矿物质饲料有哪些作用?

(1)矿物质是形成畜禽机体组织、骨骼的最主要成分。

(2)参与新陈代谢。矿物质可直接参与畜禽体内的新陈代谢。

(3)调节体液、渗透压,保持酸碱平衡,如钾、钠、氯、镁等元素,可调节血液和淋巴渗透液的恒定,保证细胞膜获得营养来维持生命活动。

(4)影响其他物质在体内的溶解度,如胃液中的盐酸可溶解饲料中的矿物质,从而便于吸收;血液中的氯化钠可提高磷酸钙的溶解度;体内一定浓度的盐类有助于蛋白质的溶解吸收。

(5)对消化酶有催化作用。矿物质又是酶的组成部分,如碳酸肝酶有锌,磷酸化酶有镁,细胞色素氧化酶有铁和铜。有些矿物质元素对消化液中的酶有催化作用,可提高消化效能。

3.青贮饲料时如何使用添加剂?

(1)添加碳水化合物

使秸秆青贮原料的pH值达到要求(pH=4),一般添加玉米面、麦麸、糠蜜,添加时要求:一是要粉碎,二是要拌匀。一般谷物添加量占干物质的5%~10%。

(2)非蛋白态氮

尿素是首选的营养性添加剂。在青贮的饲料中添加尿素,能够提高青贮非蛋白态氨的含量。给微生物蛋白的合成提供氮源,添加量一般为青贮鲜重的0.5%~3%。氨水也可以。添加量不超过青贮料鲜重的1.7%。但要求溶于水中喷洒搅匀。

(3)矿物质

硫酸铜2.5千克/吨、硫酸锰5千克/吨、硫酸锌2.0千克/吨、氯化钴1千克/吨、碘化钾0.1克/吨、苯甲酸3千克/吨,溶于水中喷洒搅匀。

4. 什么是矿物质饲料?

矿物质饲料是指包括工业合成的、天然的单一种矿物质饲料和多种混合的矿物质饲料以及配合有载体或赋形剂的痕量、微量、常量元素的饲料。如食盐、石粉、磷酸氢钙、硫酸铜、碳酸镁、氯化钾、硫酸锰、硫酸锌等。

5. 维生素的营养功能是什么?

维生素是一类化学结构不同、营养作用和生理功能各异的低分子有机物。它们虽然不是营养中的能量来源,也不是构成动物体组织的主要物质,但却参与了体内物质代谢的全过程,是维持动物正常生长、繁殖、生产和健康所必需的一种用量极少、作用很大的生物活性物质。这类物质在动物体内不能合成或合成数量较少,必须经常从饲料中获取。

6. 如何预防饲料霉变?

(1)严格控制饲料的水分含量

饲料作物收获后应迅速将其干燥,水分控制在≤14%以下,且保持干燥,均匀一致。平时贮存玉米水分要在12.5%以下。植物饼粕、鱼粉、肉骨粉、麦麸等水分含量不宜超过12%。

(2)加工过程中防吸湿

饲料加工后要及时冷却至室温以下,含水量达12%以下再进行包装和贮存。

(3)密封包装

袋装饲料要有塑料内衬,断绝霉菌来源。

(4)贮藏条件要适宜

贮存库要安装温湿度计,控制好温湿度。仓库保持清洁、干燥,屋面、墙壁不能渗水、漏水,减少霉菌污染。

7.在饲料中添加矿物质添加剂应该注意哪些问题?

矿物质饲料的添加剂使用应该注意以下问题:

(1)食盐

补充钠与氯,提高适口性。用量0.2%~0.5%。

(2)石粉

钙的含量要求在35%以上,镁不得超过0.5%,砷不超过2毫克/千克,铅不超过10毫克/千克,汞不超过0.1毫克/千克,镉不超过0.75毫克/千克,氟不超过2000毫克/千克。

(3)磷酸氢钙

钙磷比例约为3:2,接近动物需要平衡比例。其钙含量23%以上,磷16%以上。

8.怎么才能判别饲料质量好坏?

对于饲料好坏的判断方法应从以下几点着手:

(1)看

一看饲料有无产品质量合格证。二是看有无饲料标签。饲料标签在包装袋的封口处,其标准由国家质量技术监督局制定发布。生产企业必须附具饲料产品标签,没有标签的饲料,根据有关规定不能经营,更不能购买。三看保质期。保质期是饲料标签注明的内容之一,凡超过保质期及没有注明保质期的配合饲料,不要购买。四看原料色泽。根据原料的色泽可大概判断饲料是否稳定,但色泽不是决定饲料好坏的唯一标准,看看色泽是否均匀,颗粒度是否均匀,有无结块、发霉现象。

(2)闻

饲料中常用各种调味剂,用于对动物的诱食,调整其适口性,因此,不要根据气味来判断某种原料的多与少。要抛开香味剂,闻闻有没有其他气味,如发霉气味、油脂哈喇味、酒糟味、氨气味(尿素等非蛋白氮形成的)及其他异味。好的产品能闻到其特有的香味。

(3)尝

优质产品(配合饲料居多)香甜可口,不喇喉咙,不苦,无异味。

(4)喂

好的饲料适口性好,有时甚至不需要过渡,换料后直接采食。否则,大多数不采食,甚至拒食,但有病除外。

(5)便

优质饲料进食后排便不拉稀,成条状,色泽暗黄稍黑,表面有光泽,落地呈塔状。如呈球状或过干,说明饲料中纤维含量或药物含量过高。如拉稀(过渡期、疾病现象除外)说明饲料中原料存在问题,不要继续饲喂。但有些饲料进食后软便并不是拉稀,不影响长势时可继续饲喂。

(6)长

好的饲料饲喂半月后长势明显,或与其他饲料对比日增重胜出。

9.如何制作液氨氨化饲料?

实验证明,氨可以破坏植物细胞壁的木质素与纤维素、半纤维素氢键之间的稳定性,从而提高秸秆的消化率。同时,氨含有氮,秸秆经氨化处理后,能提高饲料中粗蛋白的含量。所以,氨化是提高秸秆利用率,解决秸秆饲料质量较差的有效技术措施。

目前生产中常用的秸秆氨化技术主要有液氨氨化和尿素氨化两种。

液氨又叫无水氨,在常温下为无色气体,有强烈的刺激性气味,在常温下加压即可液化,所以必须保存在钢瓶中。其具体氨化方法是:在地势较高的平地铺一层塑料膜,然后将含水量在30%左右的秸秆堆成圆形垛,堆好压实以后上面覆盖一层完整的塑料膜。为了防止漏气可将上下的塑料膜重合折叠后用土压实。将带孔的金属导管从秸秆垛的中心位置从上往下垂直插入,然后将金属导管用软胶管与液氮钢瓶相连接,慢慢打开阀门,徐徐将氨气通入秸秆垛,按每百千克秸秆3千克氨的总量控制,待氨气充入量达到所需数量时,将导管拔出,迅速将导管孔用胶布封严。一般情况下,冬天密封1个月左右,夏天密封半个月左右即可启用。

由于氨气有强烈的刺激味,如果被动物大量吸入会给家畜的呼吸系统造成严重的损伤,甚至引起中毒。所以当氨化饲料成熟后准备饲喂时,一定要提前48小时打开塑料膜,让氨气充分挥发后再饲喂,每次取完饲料后要将塑料膜封严压实,以防水分流失和沙尘废物等混入,直至喂完。

10.如何制作尿素氨化饲料?

尿素是农业生产中普遍使用的化学肥料,尿素的含氮量较高,一般都在45%以上,但是它必须在尿素酶的作用下,才能将尿素分解释放出氨。而植物秸秆含有尿素酶,所以在没有液氨来源的地区,农户可以用尿素作为氨源进行秸秆氨化。

其制作方法是:在地势较高的平地上先铺上塑料膜,然后铺秸秆,每铺15厘米左右,喷洒一次尿素水,基本要求是调节处理后的秸秆含水量达到30%左右。按照一层秸秆一次水的操作方法将计划氨化的秸秆全部铺完为止。秸秆堆放的大小视秸秆量的大小而定。将秸秆铺完后在秸秆堆的上面和周围均匀喷洒一次尿素水,覆盖上完好的塑料膜,将上下的塑料膜折叠后用土压实即可。处理时间一般夏季1个月左右,冬季20天左右。

为了防止氨气对家畜造成不必要的危害,在饲喂前48小时,应先将上面的塑料膜打开让氨气充分释放后再饲喂。同时每次取完后要将塑料膜盖严压实,以防沙尘污水废物混入。

11.青贮饲料开窖及饲喂时应注意哪些问题?

青贮饲料是一种最适宜饲喂牛羊的优质饲料,根据甘肃省的农业产业结构看,目前甘肃省各地不仅有制作青贮饲料的丰富资源,而且青贮饲料已经成为甘肃省发展牛羊产业不可替代的优质饲料来源。作为养殖户除了加强青贮饲料的制作外,还需选择合理的开窖时间和方法,重视青贮饲料开喂前的注意事项,这样可以有效保证青贮饲料质量,预防青贮饲料开喂初期的不良反应。建议养殖户应注意以下几个方面的事项。

(1)根据气候环境的不同确定合理的开窖时间。甘肃省河西地区青贮窖的开窖时间应该掌握在40~50天(根据青贮饲料的制作时间和水分适当调整,甘南地区和祁连山沿山地区应该考虑在2个月以上),河东地区的青贮饲料开窖时间应该掌握在30~40天左右。

(2)要根据青贮饲料的成熟程度来确定合理的开窖时间,在开窖前可以对青贮饲料的成熟度进行必要的打孔探测,如果探出的青贮饲料颜色呈淡黄色,味道达到酒香和酸香味时就说明青贮饲料已经成熟,达到开窖条件。

(3)开窖时开口要由小到大,以方便取出为宜,防止空气进入窖内造成青贮饲料的腐烂变质。

(4)每天要现喂现取,取出的青贮饲料不宜在外界存放时间过长,以防水分和营养的流失。

(5)每天取完青贮饲料后要及时将开口封住,减少大量空气涌入而降低青贮饲料质量。

(6)在给牛羊初期饲喂青贮饲料时,一定要由少到多逐步增加,以防饲料突然变化和饲喂量过大引起牛羊的消化道疾病。

(7)饲喂青贮饲料的时间应该选择在饲喂干草以后的中午时间,有利于预防青贮饲料饲喂过程中的不适应症。

(8)每天下午要将槽内剩余的青贮饲料打扫干净,将收集到的青贮饲料在太阳底下晒干,重新加工后用来饲喂牛羊,以减少饲草料的浪费。

12.如何科学利用青贮饲料?

合理掌握青贮饲料的饲喂方法和数量是提高青贮饲料利用率,发挥青贮饲料优势的重要保证。生产实践重点应把握以下原则。

(1)对新开窖的青贮饲料在使用前应当根据其味道、颜色、水分等方面的情况进行质量鉴定,以防家畜误食发霉变质的青贮饲料。

(2)要根据家畜的不同品种、年龄、生长期和养殖目的科学控制青贮饲料的饲喂数量。必须控制一个合理的数量,以牛为例,据有关试验证明:一般情况下产奶和成年母牛每天的饲喂量应掌握在每百千克体重5~7千克;幼年母牛应掌握在每百千克体重2~3千克;公牛应掌握在每百千克体重2~4千克;育肥牛应掌握在每百千克体重3~5千克。绵羊和其他需要饲喂青贮饲料的家畜可以参考以上数据,掌握合理的饲喂数量。

(3)在给家畜饲喂青贮饲料时应当按照由少到多的原则,循序渐进训练牲畜对青贮饲料的适应性。由于青贮料具有明显的轻泻作用,所以在给幼畜、怀孕母畜和体弱家畜开始饲喂青贮饲料时一定要把握好数量和质量关,只有这样才能做到青贮饲料的合理利用。

13. 青贮饲料能否喂驴?

原汁原味的青贮饲料原则上不可以喂驴。

青贮饲料是乳酸菌在厌氧条件下,对适宜做青贮饲料的优质牧草、经过一段时间的充分发酵后制成的一种主要用于饲喂牛羊等家畜的优质饲料。但是青贮饲料原则上不能饲喂马、驴、骡等家畜。因为一方面,青贮饲料属于酸性饲料。如果用来饲喂马类家畜会使其牙齿周围的神经受到麻痹,直接影响牙齿的咀嚼功能,使其无法采食和咀嚼;另一方面,青贮饲料属于通过微生物发酵制成的酸性饲料,它的消化过程仍然需要在有益微生物发酵环境下进行,马类家畜不具备这样的消化功能而无法利用它的优势;最后,青贮饲料在消化过程中会产生大量气体,反刍动物通过反刍嗳气的过程可以不断排出,而马类家畜没有反刍的功能,所以一旦马类家畜吃了青贮饲料,在胃肠道产生大量气体,就很容易引起胃扩张和肠道鼓气,严重时会在短时间内引起家畜死亡,给养殖户造成不必要的损失。

如果出现暂时的饲料短缺,确需临时给驴、马、骡子喂青贮饲料时,一定要把青贮饲料先在阳光下进行晾晒,待青贮饲料的水分和酸度基本消失以后再饲喂。

14. 如何科学给羊饲喂玉米？

目前，玉米是甘肃省大多数地区养羊户的主要精饲料来源，很多小规模养殖户为了图省事，一般情况下用整颗粒的玉米直接喂羊，既缺乏适口性导致羊不肯采食，又影响了羊对玉米营养的充分吸收，造成了饲料的浪费。建议养殖户在使用玉米喂羊时坚持以下措施：

（1）最好把玉米破碎饲喂，一般情况下，破碎程度应当将一颗玉米一破四为宜，不宜打成粉状。

（2）最好在饲喂前24小时喷洒适量清水，将饲料软化后饲喂，需要注意的是夏季要放在阴凉处以防变质，冬季应当注意保温以防冻结。

（3）在饲喂时按1%的比例加入人工盐或者食盐。

（4）将玉米与其他饲料混合饲喂。为了防止长期饲喂玉米造成胃酸过多，每隔7~10天在饲料里面加喂一次适量的大黄苏打粉。

通过以上措施，不仅可以提高玉米的适口性，激发羊的采食积极性，而且有利于促进玉米营养的充分吸收，减少饲料浪费，降低饲养成本，提高养殖效益。

15. 喂牛买不到补钙用的添加剂，能不能用刷墙用的石膏粉代替？

刷墙用的石膏粉不能代替补钙用的添加剂。用作饲料的钙源是石灰石粉类碳酸钙，应该是安全可靠的。饲料中添加的添加剂原料是经过严格的选择，严密的配方设计，反复多次试验研究的成果，无毒无害，对生命有机体有益，有促进牛生长发育、有利健康生产的作用。刷墙用的石膏粉是经过加工熟化的，成分是氢氧化钙，不能用于饲料添加。

16.发霉玉米还能做饲料吗?

因储存不当或天气原因,导致玉米等饲料发霉变质的现象非常普遍,玉米霉变、霉菌毒素超标,畜禽采食后轻者影响生长发育,重者中毒死亡,不但给养殖户造成重大经济损失,而且危害食品安全。玉米发霉长毛产生的霉菌就是黄曲霉菌,是一种强烈的致癌物。所以发生霉变的玉米不能吃。需要特殊的脱毒处理方可使用,处理方法有下面几种:

(1)如是部分位置少量发霉,可将霉变玉米拣出,剩余部分用水淘洗晒干后再用。

(2)霉变较多,需脱毒后才能用。玉米发霉后,毒素主要集中在胚部,去除毒素比较困难。需用1%的石灰水、0.5%的苏打水或2%的氢氧化钠溶液浸泡被污染的饲料。浸泡溶液与饲料的比例为2:1,并煮沸1~2小时,才可破坏黄曲霉毒素的分子结构,使其失去致病活性。

(3)使用霉菌毒素清除剂,例如有一种新产品叫"双效霉杀清",具有脱霉和排毒双重效果。用法用量:预防量,每吨配合饲料添加0.5~1千克;治疗量,每吨配合饲料添加3~6千克。具体用法和注意事项按说明操作。

需要提醒的是:一般来说,经去毒加工后的玉米可喂羊,牛和猪也可喂少量,鸡和鸽子不能喂;霉菌毒素清除剂不可直接饲喂,必须搅拌均匀方可饲喂,严禁"味精式"添加。

17.棉籽饼可以喂牛羊吗?

棉籽饼是一种蛋白质饲料来源,是可以作为牛羊饲料使用的。但它含有棉酚等毒素,对畜禽健康有一定的损害作用,使其在畜禽日粮中的应用受到限制。如果进行脱毒处理,即可增加其在畜禽日粮中的比例和营养价值。

棉籽饼、粕的营养价值相差很大,影响棉籽饼、粕营养价值的主要因素是棉籽脱壳程度及制油方法。完全脱壳的棉仁制成的棉仁饼、粕,粗蛋白质可达40%，甚至高达44%，与大豆饼的粗蛋白质含量不相上下；而由不脱壳的棉籽直接榨油生产出的棉籽饼粗纤维含量达16%~20%，粗蛋白质仅20%~30%。

棉籽中含有对动物有害的棉酚及环丙烯脂肪酸，尤其是棉酚的危害很大。在制油过程中，由于蒸炒、压榨等热作用，大部分棉酚与蛋白质、氨基酸结合而变成结合棉酚，结合棉酚在动物消化道内不被动物吸收，故毒性很小。另一部分棉酚则以游离形式存在于饼、粕及油品中，这部分游离棉酚对动物毒性较大，尤其单胃动物过量摄取或摄取时间较长，可导致生长迟缓、繁殖性能及生产性能下降，甚至导致死亡。幼小动物对棉酚的耐受能力更低。游离棉酚的中毒量与饲粮中蛋白质水平、亚铁离子水平及钙离子水平有关。而饼、粕中游离棉酚的含量与制油方法及制油过程中的加热程度有很大关系。

18.棉籽饼怎样去毒?

(1)取草木灰或生石灰适量加入100千克清水中搅拌均匀，沉淀后取上清液浸泡棉籽饼，饼液比例为1:2，浸泡24小时后再用清水滤液3~4遍，即可饲用。

(2)在每百千克土榨棉籽饼中加硫酸亚铁1.2~1.5千克，机榨粕只需加0.15~0.2千克，再以适量清水浸泡4~6小时，就可饲喂。

(3)用2%的碳酸氢铵或1%的尿素溶液均匀喷洒在棉籽饼上充分拌匀，当饼粉中含水量达15%时为宜，然后用塑料薄膜密封闷24小时，即可饲用。

(4)用15%的纯碱溶液24千克喷洒在100千克棉籽饼粕上，充分拌匀，用塑料薄膜密封闷5小时，然后蒸50分钟晾干；也可用浓度为1%的氢氧化钠溶液浸泡3~4小时后沥去溶液，用清水冲洗干净，晾干。110℃的高温下蒸煮3~5分钟。

19.防止棉籽饼中毒,可以采取哪些措施?

(1)间隔饲喂

由于棉籽饼是蓄积中毒,最好是间隔使用,如喂半月停半月,使体内蓄积的毒素排出,以防中毒。

(2)加热减毒处理

榨油时最好能经过炒、蒸,使游离的棉酚转变为结合的棉酚。生棉籽皮炒了再喂,棉渣必须加热蒸煮1小时后再喂;发酵过的棉叶用清水洗净,再用5%的石灰水浸泡10小时,软化解毒后再喂。

(3)加铁去毒

铁与棉酚结合成不被家畜吸收的复合物,使棉酚的吸收量大大减少。用0.1%~0.2%硫酸亚铁溶液浸泡棉籽饼,可使棉酚的破坏率达80%以上。给喂棉籽饼的家畜同时喂硫酸亚铁,铁与棉酚(游离)之比为1∶1;但需注意应使铁与棉籽饼充分混合接触。一般饲料中的铁含量不得超过500毫克/千克。

(4)增加日粮中蛋白质、维生素、矿物质和青绿饲料

饲料中蛋白质含量越低,中毒率越高。饲料里增加维生素(主要是胡萝卜素)、矿物质(主要是钙和食盐)、青绿饲料对预防棉籽饼中毒都有很好的作用。

(5)限制用量

虽然牛羊瘤胃微生物可以降解棉酚,使其毒性降低,但也应控制日粮中棉籽饼粕的比例。在母牛干奶期和种公牛日粮中,不要使用棉籽饼粕;犊牛日粮中可少量添加;成年母牛日粮中,棉籽饼粕的添加量一般不超过精料的20%;在架子牛育肥日粮中,棉籽饼粕可占精料的60%。在总饲料日粮中的含量一般不超过15%为好。

20. 肉鸡容易缺乏的常量矿物元素有哪些？怎样在饲料中添加补充？

常量元素是指在有机体内含量占体重0.01%以上的矿物元素。这类元素在体内所占比例较大，家畜、家禽在幼龄生长阶段需要量较多。肉鸡饲养阶段正属这个范围。肉鸡容易缺乏的常量元素主要有钙、磷、钠、氯。

肉用鸡缺乏钙磷或者钙磷比例失调会引起腿软症，缺乏食盐后，表现为食欲不振、采食量下降、生长停滞，并伴有啄羽、啄肛、啄趾等恶癖。

补充食盐可防止钠、氯缺乏。鸡的饲粮中食盐含量以0.37%~0.5%为宜，用量必须准确。在配合饲粮时应考虑动物性饲料的含盐量，然后确定补充食盐的用量。如在饲粮中使用咸鱼粉时，必须先分析它的含盐量，否则往往因咸鱼粉用量过多引起食盐中毒。

含钙磷的饲料主要有：石粉、骨粉、蛋壳粉、磷酸氢钙等。如骨粉，来源广、价格低、钙磷比例适中、生物效价高。它是以家畜（多为猪、牛、羊）骨骼为原料，经蒸汽高压灭菌后干燥粉碎而制成的产品，按其加工方法不同，可分为蒸制骨粉、脱胶骨粉和焙烧骨粉。骨粉含钙24%~30%，含磷10%~15%，蛋白质10%~13%。骨粉在肉鸡的配合饲料中的使用量为2%（1%~3%）。再如磷酸氢钙（磷酸二钙），为白色或灰白色粉末，含钙量不低于23%，含磷量不低于18%。磷酸氢钙的钙、磷利用率高，是优质的钙、磷补充料，肉鸡饲料添加量为1.5%（1.2%~2.0%）。

骨粉的质量取决于有机物的脱去程度，有机物含量高的骨粉不仅钙、磷含量低，而且常携带有大量细菌，易发霉结块，并产生异臭，降低品质。由于原料质量变异较大，骨粉质量也不稳定，所以添加骨源磷酸氢钙、磷酸氢钠的饲料厂家越来越多，大规模饲料厂较少使用骨粉。

21. 如何在羊饲料中添加油渣？

油渣的种类有胡麻渣、菜籽渣等多种，大多数油渣做饲料都有不同程度的毒性，在稳定用作饲料时，应该兼顾油渣的品种和羊的生产阶段不同而有所差异。如使用菜籽油渣，怀孕母羊、羔羊精料中的添加比例控制在10%以内，其他类羊可以搭配到15%～20%。相比菜籽油渣，胡麻油渣的毒性小、品质好，怀孕母羊及羔羊精料中的添加最高可提高到15%，其他类羊最高可达30%。

22.怎样合理搭配肉牛的日粮?

肉牛的营养日粮根据其生长规律，将整个生长过程分为两个时期，即生长期和育肥期，不同时期肉牛的营养日粮不同。

(1)生长期

肉牛生长期又分为两个阶段，即初生到6月龄和7月龄到12月龄。生长期由于营养水平高，各器官发育较快，应保证营养物质的充足供给，一般该期日粮粗蛋白质含量为14%~19%，总可消化养分为68%~70%，精饲料采食量控制在体重的1.2%~1.5%，粗饲料以青绿饲料或优质青干草为主，实行自由采食，日增重可达0.7~0.8千克/只。当肉牛体重超过200千克/只时，日粮能量由25.1兆焦/千克提高到46.0兆焦/千克，体重为100~275千克时，牛体内日沉积氮量从14克/只增加到43克/只，青贮玉米对于生长期阉牛而言是比较好的饲料。

(2)育肥期

肉牛育肥期分为育肥前期(13~18月龄)和育肥后期(18~24月龄)。育肥前期，限制饲养使肌肉最大限度生长，精料控制在体重的1.7%~1.8%，粗饲料自由采食，一般占总采食量的49%~57%，青贮料占日采食量的24%~28%，日增重达0.9~1.0千克/只。育肥后期，所有饲料均自由采食，特别应增加精料喂给，此期精料采食量一般占体重的1.8%左右，精料中玉米比例可达70%以上。粗饲料采食量占日采食量的31.0%~34.6%，日增重0.7~0.8千克/只。

23. 牧草、秸秆、青贮饲料等饲喂家畜时应注意哪些问题?

(1)牧草

豆科牧草不能早晨空腹或带露饲喂,以防发生臌胀,用量一般不超过日粮总量的50%;禾本科牧草同样不能带露饲喂,以防拉稀,用量一般不超过日粮总量的50%。牧草应和秸秆、麸皮、豆渣、粉渣、玉米等配合饲喂。

(2)青贮饲

用量一般不超过日粮总量的50%,应和青草、秸秆、麸皮、豆渣、粉渣、玉米等配合饲喂。

(3)土豆

不能用绿色、青紫色、已发芽土豆做饲料,喂量不超过日粮的20%。

(4)麸皮

含纤维素高,有轻泻作用,不能单喂或久喂,要与精料、青料、粗料配合饲喂,日粮比例为15%左右。

(5)豆渣

营养单一,不能单喂或生喂,要煮熟后与配合料、青料、粗料搭配饲喂,鲜湿品在日粮中的比例为30%,已发霉变质的不能用作饲料。

(6)酒糟

酒糟含有少量残留酒精,用作饲料前要加水稀释,与精料、青料及甘薯、土豆配合饲喂,鲜酒糟占日粮的30%。

(7)秸秆

用作饲料时必须粉碎,在饲喂前用沸水浸泡8~12小时使之软化,与配合料、青料及甘薯等合喂,在日粮中的比例为15%。

(8)菜叶

各类菜叶是喂畜禽的优质青料,但不能堆放过久,已腐烂、发霉的不能用作饲料。菜叶要新鲜清洁,切短生喂,与糠麸、甘薯、土豆配合饲喂。

(9)甘薯

不宜单喂或生喂,要煮熟后与配合料、青料、粗料等合喂。

24.家畜喂苜蓿引起的苜蓿病该怎么防治?

苜蓿是一种优质牧草,营养价值高,适口性好,各种家畜都喜欢吃。但有的家畜采食大量苜蓿,经日光照射后,皮肤会出现炎症,即“苜蓿病”。

家畜患“苜蓿病”后,往往食欲减退或消失。轻者在其头部、四肢的皮肤无色素处,出现潮红、肿胀。炎症消失后,患部脱毛。牛四肢、胸腹下、乳房、颈部等处常出现疹块,瘙痒不安。重者皮肤明显肿胀,触摸敏感疼痛,有的破溃化脓而感染;有的结膜黄染、流涎、腹痛、便秘;还有的出现神经症状,如兴奋不安或昏睡、麻痹等。

防治苜蓿病可用以下方法:

(1)家畜饲喂苜蓿后,不要让其在强烈的日光下照射;也不要在烈日下到长有苜蓿的草地上放牧。用苜蓿饲喂家畜时,必须搭配其他饲草(青干草更好)。

(2)发病后,立即停喂苜蓿,将病畜赶到较阴凉的地方。

(3)用植物油(豆油、花生油等)或动物油(猪油、獾油等)500毫升,一次灌服。

(4)皮肤上的炎症可用3%水杨酸洗涤,然后再涂擦消炎软膏。

(5)用25%葡萄糖150毫升,40%乌洛托品60毫升,安那钾25毫升,一次静脉注射,每天1次,连用5天。

25.颗粒饲料在饲喂时有什么技术要求?

颗粒饲料有香味,饲料经过高温制粒,原料成分中的淀粉等经过糊化等作用,产生一定香味,适口性好,采食量大,猪、鸡生产性能高,浪费少,颗粒料比粉料减少浪费20%~30%。

因为经过熟化,消除了饲料原料中大部分的抗营养因子,提高了消化率。经过高温,对饲料进行了消毒处理,同时也消灭了有害的病菌,使动物发病少。

(1)饲喂方法

①家畜家禽饲喂前要驯饲6~7天,使其逐渐习惯采食颗粒饲料。饲喂期间每日投料2次,任其自由采食。傍晚,补以少量青干草,提高消化率。颗粒饲料的日给量以每天饲槽中有少量剩余为准。一般活重为30~40千克的羊日给量为1.5千克,活重为40~50千克的羊日给量为1.8千克。采食颗粒饲料比放牧时需水量多,缺水时畜禽拒食。所以要定时饮水,日饮水不少于2次。有条件的装以自动饮水器更为理想。

②颗粒饲料遇水会膨胀破碎,影响采食率和饲料利用率。

③饲喂开始前,必须进行驱虫和药浴。对患有其他疾病的畜禽要对症治疗,使其较好地利用饲料。适当延长饲喂时间将获得较大的补偿增重,达到预想的饲喂效果。

(2)配合饲料

按照家畜种类、生产性能以及生理状况,进行以草粉为主的日粮配合,可将配合后的饲料加工成一定剂型,便可直接饲喂畜禽。例如用以喂牛可加工成直径160毫米、厚度10毫米的草饼,或者160毫米×170毫米×60毫米的草块;喂羊则加工成长10毫米、半径5毫米的圆柱或方柱状的颗粒。

26.选购配合饲料时应注意哪些问题?

配合饲料是根据畜禽不同生长阶段和生产目的(如产肉、产蛋、产奶、产毛、观赏等)对不同营养物质的需要,而配制的含有各种营养成分的饲粮。有资料表明:饲喂配合饲料一般可提高畜禽的生长性能10%~30%,降低饲料成本8%~25%,并能减少疾病,提高综合养殖效益。养殖户在选购配合饲料时要做到"六看":

(1)看厂家

一些农户购买饲料时,不注意生产厂家和品牌,随便购买。目前饲料生产企业很多,选购饲料时要认准生产厂家,选择科研单位试验后推广应用的产品。

(2)看包装

正规厂家生产的配合饲料,包装美观整齐,厂址、电话、适应品种明确,有在工商部门注册的商标。许多假冒伪劣产品包装袋上的厂址、电话都是假的,更没有注册商标。

(3)看颜色

某一品牌某一种类的饲料,其颜色在一定时期内相对保持稳定。由于各种饲料原料颜色不一样,不同厂家有不同的配方。因而不能用统一的颜色标准来衡量,但在选购同一品牌饲料时,如果颜色变化过大,就不要轻易购买。

(4)看均匀度

正规厂家生产的优质饲料,混合都是非常均匀的,而劣质饲料因加工设备简陋,很难保证饲料的质量;从每包饲料的不同部位各抓一把,很容易看出优劣。

(5)看保质期

保质期是饲料标签注明的内容之一,凡超过保质期且没有注明保质期的配合饲料,不要购买。

看质量检验报告:质量检验报告是工商质检部门,按照该产品注册登记的质量检验方法,经过实际化验分析得到的该产品的养分含量,并和产品标准进行比较是否是合格产品。

27.自配猪饲料应当避免陷入哪些误区?

(1)饲料品种越多越好

浓缩料、预混料、各种矿物添加剂,不管是否重复过量,配料时统统拌入。总认为品种越多,猪长得越快。殊不知,饲料中营养不全或过剩均会影响猪的生产性能,特别是矿物元素,相互之间不能转化或代替,供给量一旦过多,会出现中毒症状。

(2)蛋白含量越高越好

蛋白质在一切生命过程中起决定作用,是猪新陈代谢、生长发育所必需的营养物质。虽然日粮中蛋白质缺乏会出现一系列缺乏症，但若日粮中蛋白质超过猪的需要量，不仅造成蛋白质浪费，而且会加重猪的肺脏、肾脏的负担，也会污染环境。

（3）不按阶段饲养标准配料、饲喂

在猪的整个生长期中，各个阶段的生长速度不同，对营养物质的需求量也有很大差别。因此，需要按猪的体重划分阶段，在各个阶段内饲喂不同能量、蛋白质水平的日粮，而不是一个配方标准喂到出栏。

（4）盲目添加抗生素等非营养性添加剂

在配合料中添加促生长添加剂可以抑制有害细菌，促进猪的生长，提高生产性能。但广大养殖户在实际操作中，往往多种药物同时添加或同类药物重复添加，滥用人用抗生素，不注意药物间的抗性，不注意禁药期等，使畜产品中药残超标或产生耐药性，影响人类自身健康。

28.怎样鉴别青贮饲料的好坏?

青贮饲料在饲用之前，应对青贮饲料进行品质鉴定，一般用感官评定的方式进行。开启青贮容器时，根据青贮料的颜色、气味、口味、质地、结构等指标，通过感官评定其品质好坏，这种方法简便、迅速。

（1）色泽

优质的青贮饲料非常接近于作物原先的颜色。若青贮前，作物为绿色，青贮后仍为绿色或黄绿色最佳。

（2）气味

品质优良的青贮饲料具有轻微的酸味和水果香味。若有刺鼻的酸味，则醋酸较多，品质较次。腐烂、腐败并有臭味的则为劣等，不宜喂家畜。总之，芳香而喜闻者为上等，刺鼻者为中等，臭而难闻者为劣等。

（3）质地

植物的茎叶等结构应当能清晰辨认，结构破坏及呈黏滑状态是青贮腐败的标志，黏度越大，表示腐败程度越高。优良的青贮饲料，在窖内压得非常紧实，但拿起时松散柔软，略湿润，不黏手，茎叶花保持原状，容易分离。

中等青贮饲料茎叶部分保持原状，柔软，水分稍多。劣等的结成一团，腐烂发黏，分不清原有结构。

29. 如何给家畜饲喂青贮饲料？

青贮饲料作为草食家畜牛羊的主要粗饲料，一般占饲粮干物质的50%以下。青贮饲料是一种良好的多汁饲料，但是，没有喂过青贮饲料的牲畜，开始饲喂青贮时多数不爱吃，经过一个驯食阶段后，几乎所有的家畜都喜采食。驯食的方法是，在牲畜空肚时，第一次先用少量青贮饲料与少量精饲料混合，充分搅拌后饲喂，使牲畜不能挑食。经过1~2周不间断饲喂，多数牲畜一般都能很快习惯。然后再逐步增加饲喂量。饲喂青贮饲料最好不要间断，一方面防止窖内饲料腐烂变质，另一方面牲畜频繁变换饲料容易引起消化不良或生产不稳定。

饲喂青贮饲料要经常注意饲料槽的清洁，喂剩下来的青贮料应立即从食槽中清除出去。在冬季饲喂青贮时，要随取随喂，防止青贮料挂霜或冰冻，最好在畜舍内或暖棚里，先空腹喂青贮料，再喂干草和精饲料，以缩短青贮饲料的采食时间。冬季寒冷且青贮饲料含水量大，牲畜不能单独大量喂用，应混拌一定数量的干草或铡碎的干玉米秸、干草、小麦秸秆粉等。饲喂过程中，如发现牲畜有拉稀现象，应减量或停喂，待恢复正常后再继续喂用。用青贮料喂饲奶牛，应在挤奶后进行，切忌在挤奶房内存放青贮饲料，以免损害牛奶的气味。由于青贮饲料含有大量有机酸，具有轻泻作用，因此母畜妊娠后期不宜多喂，产前15天停喂。劣质的青贮饲料有害畜体健康，易造成流产，不能饲喂。

奶牛场中青贮饲料必须保证常年均衡供应。对于大规模肉牛场来说，青贮饲料也是粗饲料的重要来源。如果青贮饲料的数量充足且质量稳定，奶牛的产奶量和肉牛的增重速度就能保持恒定。

牛对青贮饲料的干物质自由采食量低于有效能量相同的青刈饲料或干草，牧草青贮较玉米青贮降低进食量更明显。

由于青贮饲料进食量低，在牛日粮中青贮饲料不能作为唯一粗饲料来源，而应将其与干草等粗饲料搭配饲喂。

在中国目前情况下，产奶牛和肉牛日粮中粗饲料占40%~80%，其中青贮饲料干物质可以占粗饲料干物质的二分之一到三分之二。计算时，70%含水量的高水分青贮饲料3千克或40%含水量的半干青贮饲料2千克折算为1千克干草。

30. 如何掌握青贮饲料的饲喂量？

对各类家畜喂给青贮饲料的数量，是按家畜的品种与青贮料的种类和品质而决定的，品质良好的青贮料可以多喂，但亦不能完全代替全部饲料。

成年牛每100千克体重日喂青贮量：泌乳牛5~7千克，肥育牛4~5千克，役牛4~4.5千克，种公牛1.5~2.0千克。

绵羊每100千克体重日喂量：成年羊4~5千克，羔羊0.4~0.6千克。

奶山羊每100千克体重日喂量：泌乳母羊1.5~3.0千克，青年母羊1.0~1.5千克，公羊为1.0~1.5千克。

马的日喂量：役马每匹每天可喂12~15千克，种母马和1岁以上的幼驹每天可喂6~10千克。

31. 舍饲养殖过冬时需要准备多少饲料比较合适？买什么草好？

家畜饲料需要量的计算，需要明确一个概念，这就是羊单位。

羊单位：一个40千克的带犊母羊所需的营养需要。

一只羊等于一个羊单位，一头牛等于五个羊单位，一匹马、驴、骡各等于五个羊单位，10只鸡、鸭、鹅等于一个羊单位。

具体应用中可根据实际情况进行调整。如：

天祝牦牛体型较小，按一头牦牛等于四个羊单位计算。

(1)粗饲料

75头牦牛为300个羊单位。共450个羊单位。

每个羊单位需要1.8千克/天粗饲料。

如还有4个月的冬季补饲时间。所以,共需要97吨的粗饲料。现有35吨,还需要购置62吨饲料,建议购置:苜蓿10吨,青贮饲料100吨,青干草或秸秆10吨。

(2)精料

需要27吨。

精料配方:玉米46%(12.42吨),麸皮20%(5.4吨),棉粕或菜粕30%(8.1吨),石粉1%(270千克),磷酸氢钙1%(270千克),食盐1%(270千克),预混料1%。需要配270千克的预混料。

(3)饲养配方

饲养配方1:禾本科干草或秸秆0.8千克,苜蓿0.2千克,青贮玉米2千克,精料0.5千克。

饲养配方2:禾本科干草或秸秆1.4千克,苜蓿0.4千克,青贮玉米2千克,精料0.5千克。

32.树叶能做饲料吗?如何加工调制?

很多树叶含有丰富的植物蛋白和家畜生长发育所需要的多种营养元素,可用来做畜禽饲料。自然界中能作畜禽饲料的树叶很多,其中常用的有刺槐叶、杨树叶、柳树叶、榆树叶、桑树叶、香椿树叶、松针、苹果树叶、梨树叶、山楂树叶、杏树叶、桃树叶、葡萄叶、柿树叶、枣树叶等。另外刺槐花、杨树花也是喂畜禽的好饲料。将用作饲料的树叶经过科学加工调制,不仅能提高其适口性,而且对提高树叶的利用率、消化率及营养价值均有明显效果。树叶饲料的几种常用的简易加工调制方法如下:

(1)水泡法

将较嫩的树叶采摘下来后,先用水洗净,放入缸内或水泥池内,用80~100℃的温开水烫一下,然后放入清水浸泡2~4小时,清水用量一般超出料面即可,对杏树叶、桃树叶、柳树叶和桑树叶进行浸泡时要多换几次清水,使其脱去苦味。将泡好的叶子切碎后即可混入日粮中喂猪及畜禽。

(2)干燥法

将采摘的树叶进行晒干或烘干,经过粉碎后便可直接混入饲料中喂给。如刺槐叶、桑树叶、杨树叶和一些果树叶等,饲喂量:喂猪、鸡时一般控制在日粮总量的5%~10%;喂牛、羊时一般控制在日粮总量的30%~40%。

(3)盐渍法

将树叶洗净、切碎,倒入缸内或水泥池中,按0.5%的用量取食盐,按一层树叶一层食盐分层压实,进行盐渍。盐渍后,树叶不易腐烂,有鲜香味,适口性好。

(4)青贮法

先将树叶洗净、切碎、沥干水,然后再一层层地装入青贮容器内,若树叶内含水量过多,可加入一定量的谷糠或农作物秸秆进行混合青贮,含水量少时,可进行人工喷水调节,水分含量调整在60%左右。

(5)发酵法

先将采摘下来的树叶或收集的秋季自然落叶晒干,加工粉碎成树叶粉。用适量清水将2千克发面用的老面团调成稀糊状,再加入5千克玉米面和10千克米糠拌匀,搅成稠糊状,发酵24小时。然后再加入树叶粉50千克、酒糟10千克,进行充分搅拌,湿度控制在60%左右,以手握成团,手缝见水珠为宜,然后装入发酵缸或池内,随装随即踏实,装满后覆盖物将缸(池)口覆盖保温,温度保持30~50℃,发酵48小时后即可取用。

33. 松针能做饲料吗? 如何加工调制?

松针粉含有各种氨基酸、蛋白质、脂肪、微量元素、植物杀菌素和维生素等营养成分。在蛋鸡配合粮中添加5%松针粉,产蛋率可提高13.8%,在猪日粮添加2.5%~4.5%松针粉,增重率一般提高15%以上,最高可提高40%。利用松针叶加工松针粉,可弥补蛋白质饲料的不足,是花钱少、见效快的解决禽畜饲料问题的有效途径。松针(叶)粉的加工制作有以下五道工序。

(1)松针叶采集

松针叶一年四季都可以采集,但秋、冬两季松针叶含水量较低,营养成分中有机物含量较高,最适宜采集。采集可结合森林采伐和抚育修枝进行。

(2)干燥

将采摘的松针叶摊放在遮荫通风的地方,进行自然干燥,摊开厚度为3~8厘米。注意不要堆放过久或用太阳晒干,以免影响产品质量;自然干燥时间4~15天,干燥后的重量为鲜品的50%左右,含水量降到12%以下时,即可进行粉碎。

(3)粉碎

把干燥后的松针叶用粉碎机研磨粉碎。一般粉碎含水量在12%以下的松针叶实际生产效率每小时为80千克左右。

(4)检验

粉碎加工成的松针叶粉,必须经检验合格后方可使用,松针粉可分为特级、一级、二级和三级。各等的粗纤维含量应不高于32%;水分为8%~12%,金属杂质应不大于10%。此外,特级、一级和二级松针粉的粗杂质含量应分别不高于5%、5%和8%;每千克松针粉的胡萝卜素含量应分别达到90毫克、70毫克和60毫克。

(5)包装、贮藏

松针叶粉最好用尼龙袋或塑料密封包装;如用麻袋包装,不宜长期贮存。贮藏松针叶粉的仓库要避光、通风、干燥、清洁,普通房间地面要设支架,以免受潮。贮藏的时间与产品质量有密切关系。据试验,含水量10%的马尾松针叶粉,在标准的库内贮藏2个月,胡萝卜素损失46%。因此,非商品出售的农户可采用少量多次制作法,随制随用或短期贮存,以保证质量。

34. 夏秋季可利用的野生牧草饲料有哪些?

夏秋季野生青绿饲料生长旺盛,而且种类繁多。野生青绿饲料包括青绿树叶、野草、野菜等,除个别的有毒外,均可供畜禽作饲料食用。其幼嫩期粗纤维含量较少，易消化，适口性好，富含粗蛋白质和各种维生素。畜禽吃了不但可促进生长发育，而且还少得病。

(1)禾本科野草

主要有马唐(也叫俭草)、狗尾草、虎尾草(也叫马蹄子草)、碱草、稗草等。这类野草富含碳水化合物。鲜草中无氮浸出物含量10%~16%，而粗蛋白质含量较少，平均在2.5%左右。一般多采用打浆、发酵或青贮喂猪，效果很好；也可以鲜喂、打浆、晒干草、发酵或青贮等形式喂牛、羊、马、驴、骡等草食家畜。

(2)豆科野草

主要有小苜蓿、野苜蓿、黄花苜蓿、黄花草木樨、白花草木樨等。这类野草嫩茎叶中富含粗蛋白质、钙及多种维生素，是各种畜禽的优质饲料。鲜喂、打浆喂、晒干粉碎喂均可。采集期在花期前为最好。

(3)野菜类

主要有灰灰菜、苦菜、猪毛菜、刺儿菜、蒌菜、马齿苋、野苋菜、水芹菜、苍耳、苦苣菜、野薄荷、蒲公英、小蓟、牛舌菜、拉拉藤等。这类野菜可生喂，也可切碎打浆喂或发酵后喂。

(4)青绿树叶类

主要有杨树叶、柳树叶、榆树叶、槐树叶、杏树叶、桑树叶等。这些树叶可鲜喂，也可晒干粉碎喂。

35.请问怎样利用小麦秸秆制作氨化饲料?

每年在小麦收获后，产生大量秸秆，秸秆经氨化处理后，可用来饲喂牛羊。氨化处理的秸秆可以打开纤维素和半纤维素与木质素之间的对氨不稳定的酯链，溶解半纤维素和一部分木质素，使纤维素膨胀，从而使瘤胃液易于渗入，可以使多达50%的木质素水解。化学处理不仅可以提高秸秆的消化率，而且能够改进适口性，增加采食量，尿素氨化处理小麦秸秆是最简单、最实用的方法。

制作方法如下：

(1)氨源与用量

按干秸秆计用量，碳铵10%或尿素3%~5%。

(2)场地

可利用青贮水泥窖，窖壁不漏气不漏水。新建窖址应选择地势高燥、排水良好的地方。窖的大小可按每立方米装切短干秸秆100千克设计。

(3)秸秆预处理

秸秆含水量要求调整在30%~40%，切成3~5厘米长，对不洁霉变的秸秆应弃掉。

(4)装窖

对鲜秸秆最好用切草机切短喷入窖中，边切边均匀添加碳铵或尿素，拌匀后踏实。对干秸秆，一边切短，一边撒碳铵或尿素，同时洒水，拌匀后踩实。也可将碳铵制成水溶液浇洒，每100千克干秸秆用水20~30千克。秸秆顶面向窖面1米成馒头形，以免陷成坑而积水。

(5)封窖

用尼龙农用薄膜，沿秸秆顶面向窖边铺，然后用泥土压实、封严。

(6)管理

氨化期间，一旦发现薄膜损坏，出现漏气，应及时修补，以确保氨化秸秆质量。

(7)氨化时间

随气温而定。

(8)开窖放氨

开窖时，氨味强，必须待氨化秸秆放净余氨后才能喂羊。可选择晴朗天气开窖，把氨化秸秆摊开，利用日晒风吹，一般1~3天即可放净余氨，必须注意切忌雨水浇淋秸秆，应放室内贮存。

(9)感官品评

处理良好的秸秆，开窖时氨味强烈，放氨后呈糊香味，色泽浅黄或褐黄，质地柔软。若有腐烂味，秸秆发黑发黏，应视为变质，不能喂羊。

气温(℃)	氨化时间(周)
<5	4~8
5~15	2~4
>30	<1

(10)饲喂技术

开始饲喂氨化秸秆,应有一个逐渐适应的过渡时期,可采用由少到多,少给勤添或拌料等训饲方法。因秸秆营养不全,配合日粮时,应加青绿饲料和适量混合料,在基础料中应加饼粕类,以保证氨化物的有效利用。

36.畜禽饲养中,配合日粮时,如何搭配粗饲料?

粗饲料指自然含水量在60%以下,干物质中粗纤维含量等于或高于18%的饲料。包括庄稼秸秆、牧草和秸秆饲料。由于粗饲料营养物质含量较低、纤维素含量较高,因此,畜禽对它们的需求也各不相同。

(1)反刍家畜对粗饲料的需求

粗饲料纤维素含量均在30%以上,在反刍家畜的消化道中起填充作用,并有促进胃肠蠕动和提高消化的功能。在反刍家畜日粮中必须有足量的粗饲料才能充分发挥其他饲料的作用。反刍家畜中的牛、羊、骆驼对粗饲料的消化利用率较高。在放牧条件下,天然草地或人工草地就基本可以满足其营养需要。在舍饲条件下,反刍家畜对秸秆饲料有良好的利用效果,粗饲料可占日粮的70%~80%。玉米秸秆消化率40%~45%,氨化玉米消化率60%左右。如育肥杂种公牛,每日饲喂9~10千克铡碎的玉米秸秆,再配合3千克精饲料,日增重可达500克以上。

(2)非反刍家畜对粗饲料的需求

非反刍家畜是指草食动物中的马、骡、驴和杂食动物中的猪。马、骡、驴具有较发达的盲肠,能大量利用粗饲料,但粗饲料必须经过加工调制或混拌适量的精饲料才能达到较好的饲料效果。猪对粗饲料的消化吸收能力较弱,需将粗饲料加工成粉状,用量一般不超过日粮的10%,优质草粉可稍多些，秸秆粉一般占日粮的3%~5%，过多会产生负面效果。

(3)家禽类对粗饲料的需求

家禽对粗饲料的消化利用率较低，而且要求粗饲料是优质草粉，如苜蓿、三叶草等草粉。粗饲料在家畜饲养中主要起促进胃肠蠕动的作用，而营养物质则由精饲料供给。家禽中的鹅、鸭喜欢采食鲜嫩的青草、野菜，日粮中粗饲料的比例可占5%左右。肉鹅或蛋鸡日粮中粗饲料仅占2%~3%。

37. 油脂类饲料有哪些营养?

油脂属于液体能量饲料，是油与脂的总称，按照一般习惯，在室温下呈液态的称为“油”，呈固态的称为“脂”。随温度的变化，虽然两者的形态可以互变，但其本质不变，它们都是由脂肪酸与甘油所组成。油脂来自于动植物，是家畜重要的营养物质之一，特别是能提供比任何其他饲料都多的能量，因而就成为配制高能饲料所不可缺少的原料。油脂的营养特性有：

(1)油脂是高热能来源

油脂的能量相当于碳水化合物和蛋白质的2.25倍，添加油脂很容易配制成高能饲料，对肉用仔鸡和仔猪尤为重要。

(2)油脂是必需脂肪酸的重要来源之一

必需脂肪酸缺乏会造成皮肤角质化、生长抑制、繁殖机能障碍、生产性能下降等。植物性油脂可提供丰富的必需脂肪酸。

(3)油脂具有额外热能效应

添加油脂与基础日粮中的油脂在脂肪酸组成上产生协同作用，互相补充。例如，牛脂和大豆油代谢能分别平均是29.04兆焦/千克和35.40兆焦/千克，当两者以1:1混合后，代谢能成为35.19兆焦/千克，而并非两者的平均值。又如在玉米、豆饼日粮中已具有3%左右的植物油，添加牛脂后所提供的热能高于其本身所含的热能。

(4)油脂能促进色素和脂溶性维生素的吸收

饲料中的色素及脂溶性维生素如维生素A、D、E、K等，须溶于脂肪才能被动物体消化、吸收和利用。

(5)油脂的热增耗低,可减轻畜禽热应激

通常蛋白质的热增耗约占其代谢能的30%,碳水化合物约占其代谢能的10%~15%,而脂肪只占其代谢能的5%~10%。可见脂肪的热增耗最低,因而添加油脂可减少因代谢而造成的体温上升,故在高温环境下畜禽可处于舒适状态,即提高了抗热能力,避免热应激所带来的损失。

38. 饲料中添加油脂有什么好处?

(1)改善饲料适口性,增加采食量

在粉状饲料加入油脂后使之容易采食,并具有油香味,采食量增加。

(2)提高饲料能量浓度

配制高能饲粮用于满足某些能量需要量较多的动物(如肉鸡)的能量需求。

(3)防止产生粉尘和改善外观

配合饲料加工过程产生的粉尘,不但造成饲料养分的损失,而且给人体带来危害,甚至引起爆炸。通过添加油脂,可以有效地控制粉尘产生,同时还可改善饲料的外观,增加光泽,提高饲料商品价值。

(4)减少机械磨损,提高颗粒饲料生产效率

添加油脂可减少饲料粉碎及混合过程引起的机械磨损,延长机械寿命,并有利于颗粒饲料造粒。

39. 饲料中添加油脂需注意哪些事项?

(1)控制添加数量,不是越多越好

一般幼禽适当多添加,猪禽育肥后期少添加;高度培育的现代品种应多添加,本地品种可少添加。以谷物饲料为主的饲粮,很难使高产猪禽摄入足够的能量,因此,添加油脂是必要的。最好各养猪场和养禽场做小批试验,根据试验结果,定出添加比例。

(2)保证油脂质量

必须没有异味。防止掺杂、氧化、变性、发霉、有毒和受污染等。需要添加适量的抗氧化剂防止酸败。常用的油脂抗氧化剂有BHT(二丁基羟基甲苯)或BHA(丁基羟基茴香醚),两者常合用,常用浓度为0.005%~0.02%。但不能用乙氧基喹。因为乙氧基喹在活性氧法测定中,在起氧化作用之前就挥发掉了。

(3)要注意能量比

在添加油脂时要相应增加蛋白质与氨基酸的供给,防止因添加油脂,使蛋白质与氨基酸缺乏。

(4)补充维生素

添加油脂后,必须提高维生素B_{12}和维生素C供应量。便于脂肪吸收利用和提高饲料利用率。

40.目前常见的鱼粉掺假现象有哪些?

鱼粉是优质的动物性蛋白质饲料,它以各种鱼整个或部分鱼体(鱼头、鱼尾、鱼鳍、内脏等)为原料,经蒸煮、压榨、干燥、粉碎后制成的高蛋白质饲料产品,其蛋白含量≥60%,脂肪≤12%,水分≤10%,灰分≤17%,砂和盐≤5%,其中砂≤2%,游离脂肪酸≤10%,挥发性盐基氮/TVBN:120毫克/克,含脂肪越少,质量越好。由于鱼粉的价格较高,每吨国产鱼粉都在8000元~9000元,进口鱼粉的价格在10 000元以上,所以,鱼粉的掺杂使假现象比较严重。

常见的鱼粉掺杂使假现象主要有:

(1)以增加鱼粉重量为目的而掺入豆粕、菜籽粕、棉粕、花生粕等。

(2)以增加总氮为目的掺入非蛋白氮如尿素、氯化铵、二缩脲、磷酸脲等。

(3)以低质动物蛋白质掺入鱼粉中,如掺入羽毛粉、毛发粉、血粉、皮革粉、肉粉等。

(4)以低质或变质鱼粉掺入好鱼粉,特别是进口鱼粉,这种现象较严重。

41. 如何鉴别真假鱼粉?

(1)感官检查法

根据鱼粉成分的形状、结构、颜色、质地、光泽度、透明度、颗粒度等特征来检查。

①标准鱼粉一般为颗粒大小均匀一致、稍显油腻的粉状物,可见到大量疏松呈粉末的鱼肌纤维及少量的骨刺、鱼鳞、鱼眼等物;颜色均一,呈浅黄、黄棕或黄褐色;手握有疏松感,不结块,不发黏,不成团;有浓郁的烤鱼味,略有鱼腥味。

②鱼粉色泽随鱼种而异,墨罕敦鱼粉呈淡黄色或淡褐色,沙丁鱼粉呈红褐色,白鱼粉为淡黄或灰白色。加热过度或含油脂高者,颜色加深。如果鱼粉色深偏黑红,外观失去光泽,闻之有焦糊味,为储藏不当引起自燃的烧焦鱼粉。如果鱼粉表面深褐色,有油臭味,是脂肪氧化的结果。如果鱼粉有氨臭味,可能是贮藏中脂肪变性。如果色泽灰白或灰黄,腥味较浓,光泽不强,纤维状物较多,粗看似灰渣,易结块,粉状颗粒较细且多成小团,触摸易粉碎,不见或少见鱼肌纤维,则为掺假鱼粉,需要进一步检验。

(2)漂浮法

取少许样品放入洁净的玻璃杯子中,加入10倍体积的水,剧烈搅拌后静置。观察水面漂浮物和水底沉淀物,如果水面有羽毛碎片或植物性物质(稻壳粉、花生壳粉、麦麸等)或水底有砂石等矿物质,说明鱼粉中掺入了该类物质。

(3)气味测试法

根据样品燃烧时产生的气味判别是否掺入植物性物质。真品燃烧时是毛发燃烧的气味,如果出现谷物干炒的芳香味,说明掺入植物性物质。另外还可以根据气味辨别是否掺入尿素。只需取样品20克放入小烧瓶中,加10克生大豆粉和适量水,加塞后加热15~20分钟,去掉塞子后如果能闻到氨气味,说明掺入尿素。

(4)气泡鉴别法

取少量样品放入烧杯中,加入适量稀盐酸或白醋,如果出现大量气泡并发出吱吱声,说明掺有石粉、贝壳粉、蟹壳粉等物。

(5)显微镜检法

显微镜检法是最常用的一种方法,可以识别出大多数掺假物,但因为需要使用立体显微镜,故一般常用于大中型饲料企业或养殖场。使用显微镜检法需要熟悉一些常见掺假物的典型显微特征。谷壳粉中谷壳碎片外表面有纵横条纹;麦麸中麦片外表面有细皱纹,部分有麦毛;棉籽饼中棉籽壳碎片较厚,断面有褐色或白色的色带呈阶梯形,有些表面附有棉丝;菜籽饼中菜籽壳为红褐色或黑色,较薄,表面呈网状;贝壳粉颗粒方形或不规则,色灰白,不透明或半透明;花生壳有点状或条纹状突起,也有成锯齿状。碱处理的骨粒出现小孔。

(6)实验室化验分析

在实验室对鱼粉的养分含量进行化验分析,分析的主要指标有:蛋白含量、脂肪、水分、灰分、沙和盐、游离脂肪酸、挥发性盐基氮(TVBN)细菌数、重金属含量、有毒有害物质等,再与鱼粉的标准进行比较,从而确定其真伪。

42.冬春季节如何自制发芽饲料给畜禽补充维生素?

冬春长时间舍饲,青饲料紧缺,光照不足,造成畜禽体内缺乏维生素,引起代谢机能紊乱、生长发育停滞、抗病力减退,诱发疾病和死亡。因此冬春舍饲养殖的畜禽应补充维生素。最简单有效的冬春舍饲养殖维生素补充饲料——发芽饲料。

(1)制作技术

一般禾谷类作物的籽实,如大麦、燕麦、玉米、稻谷等,均可做原料,大麦最为常用。操作方法大体与生豆芽相似,即:先将原料籽实筛选去杂,放入温水中淘洗,除去泥沙、瘪粒及虫蛀粒,晾干备用。制作时先将干净原料放入25~35℃温水中浸泡一昼夜;待籽粒膨胀,平摊在大小适中的浅水盘或塑料滤水容器中，厚度3~4厘米，上盖纱布或麻袋片，保持必要的温、湿度；然后将容器放入光线充足和温暖的室内发芽，室温20~25℃，每昼夜喷洒30℃左右温水4~6次，同时略加翻动；2~3天后生出毛根和胚芽，此时可揭去纱布、麻袋片，每天早晚各淋以清洁的温水，一般经过3~5日，嫩芽长出、透绿，即可根据需要取出饲用。

（2）使用时机

在一般情况下，如以补充维生素B族和改善适口性为主要目的时，芽长至2~3厘米即可取出饲用；如以补充胡萝卜素为主要目的时，则应待长至8~10厘米时取出饲用。

（3）饲喂量

用发芽饲料喂牛，母牛和奶牛，每头每日为500~750克，即可促进其正常发情、受孕和增加泌乳量。公牛，每头每日为400~500克，可增强性欲，改善精液品质，提高配种受胎率。犊牛，每头每日50~100克。

用发芽饲料喂羊和猪，母羊和母猪，每头每日为150~200克，种公羊和种公猪，每头每日为100~150克，羔羊和仔猪，每头每日为10~20克。

用于补饲产蛋鸡，每只每日为10~20克，对提高其产蛋率、受精率及孵化率均有益，幼鸡每只每日为3~4克，均可促进其生长发育，提高其抗病性及成活率。

（4）饲喂方式

喂时可根据需要，将发芽饲料切成小块或剁碎拌入日粮中饲喂。

另外，用发酵饲料、胡萝卜、松针饲料，在精料中添加5%的预混料等同样可以补充维生素，解决冬季维生素饲料的不足。

重点在线 ZHONGDIANZAIXIAN

第8部分

基础知识

1.畜禽引种应注意哪些问题?

(1)避免盲目性

每一个畜禽品种均与其原产地的自然条件建立了高度协调的适应性关系,而且自然条件对物种特性的影响是持久和广泛的。当它们作为一个良种离开原产地引到异地时,必然会打破其与环境的协调关系,表现出对新环境的不适应。所以,在引种前应认真考虑引种的必要性和可能性,避免盲目。

(2)增强针对性

既要考虑当地的经济社会发展和人们的生活水平、饮食习惯,有针对性地引进畜禽品种,详细了解引入品种的主要特点和能否适应本地的自然条件,还要考虑引入品种的生产性能、经济价值和育种价值等。

(3)正确选择品种

畜禽的适应性是一个复合性状,它本身虽不是一个经济性状,但却可直接影响生产力的发挥。育成历史久、分布地区广的品种,一般都具有较强、较广泛的适应性。本地与原产地的纬度、海拔、气候、饲养管理等方面相差不远,引种通常容易成功;若环境条件相差较大,则应特别注意引入后的驯化措施。一般来说，从炎热地区引种到寒冷地区比从寒冷地区引种到炎热地区更容易适应。另外，有些品种对某些寄生虫病或传染病缺乏抵抗力，一旦被引入新的地区就容易感染发病，造成大批死亡。

(4)慎选引入个体

在引进畜禽时对个体的挑选，除注意品种特性外，还应挑选体质结实健康、发育正常、未成年的幼畜禽为好，因为这样的个体可塑性强，容易适应新的环境。还要特别重视系谱的审查，注意亲代和同胞的生产力高低，严防带入有害基因和遗传性疾病。引入个体间一般不宜有亲缘关系，公畜禽最好来自不同品系。若技术条件允许，也可引入良种公畜的冷冻精液或优良母畜的胚胎、优良家禽的种蛋。

(5)合理调运

调运过程中尽量减少不良刺激因素，降低应激反应。选择合适的调运季节，引种时间最好选择在两地气候相差不大的季节，若由温暖地区引至寒冷地区宜在夏季调运，而由寒冷地区引至温暖地区则宜在冬季调运，以便畜禽能逐渐适应气候的变化。

切实加强畜禽的检疫制度，运前、运后都要严格检疫。种畜禽抵达目的地后应实行隔离观察，严防把原产地的传染病和寄生虫病带入引进地。要充分做好调运前后的各项具体工作，包括车辆的消毒、人员的组织、途中防暑降温、防寒保暖的措施及饲喂制度等，最好能携带一些原产地的饲料，以供途中或初到新地区时饲喂。

(6)进行适应性锻炼

对引入畜禽初期的饲养管理，是引种成败的关键环节。饲养管理中，应依照原产地的气候、饲养习惯等，采取植树、搭棚、改变畜禽结构等措施，创造良好的饲养管理条件；要加强适应性锻炼，让引入畜禽逐渐适应本地的自然环境。日粮类型和饲养制度应逐步过渡，使引入畜禽尽快适应本地条件。预防地方性传染病和寄生虫病，使引入畜禽在本地健康地生活。

2. 当前或今后养殖业发展的趋势是什么?

(1)畜禽品种良种化。

(2)养殖方法设施化。

(3)养殖方式规模化。

(4)防疫灭病制度化。

(5)畜禽排泄无害化。

3.当前畜牧业生产主要解决的问题是什么?

(1)优质、高效的专用品种。

(2)先进繁殖技术的引进推广。

(3)饲料生产的安全技术和检测方法。

(4)饲料营养标准制度。

(5)兽医疫病防治和动物药品生产。

(6)现代化畜牧企业管理技术。

(7)畜禽生产的环境控制技术。

(8)畜产品加工技术和产品安全保障体系建设。

4.动物疫病报告主要包括哪些内容?

疫病报告,不论是临时性的紧急报告,还是不定期报告,均要求能详细地反映出所发生的疫病名称、发病时间、地点、疫区大小、疫点多少以及发病和死亡情况,所采取的措施。

5.如何办理《动物防疫条件合格证》?

养殖场(小区)等按照规定进行选址,工程设计和施工,竣工后,应当向县畜牧兽医局提出申请,并提交以下材料:

(1)《动物防疫条件审查申请表》。

(2)场所地理位置图、各功能区布局平面图。

(3)设施设备清单。

(4)管理制度文本。

(5)人员情况(个人信息)。

6.什么情况下需要申报检疫?

(1)下列动物及产品在离开产地前,货主应当向所在地动物卫生监督机构申报检疫:

①出售、运输动物产品和供屠宰、继续饲养的动物,应当提前3天申报检疫。

②出售、运输乳用动物、种用动物及其精液、卵、胚胎、种蛋以及参加展览、演出和比赛的动物,应当提前15天申报检疫。

③向无规定动物疫区输入相关易感动物、易感动物产品的,货主除按规定向输出地动物卫生监督机构申报检疫外,还应当在起运3天前向输入地省级动物卫生监督机构申报检疫。

(2)合法捕获野生动物的,应当在捕获后3天内向捕获地县级动物卫生监督机构申报检疫。

(3)屠宰动物的,应当提前6小时向所在地动物卫生监督机构申报检疫;急宰动物的,可以随时申报。

7.畜禽规模养殖建设标准中最少数量是多少?

猪:基础母猪100头,或出栏猪500头(仔猪种猪)。

奶牛:基础母牛100头。

肉牛:基础母牛100头或出栏200头。

肉羊:基础母羊200只或出栏500只。

家禽:存栏5000只或出栏10 000只。

家兔:1000只。

8.组建畜禽养殖合作社的条件有哪些?

(1)从业人员必须5人以上且要有有效证件(身份证),农民占80%。

(2)要有组建的章程和条款。

(3)要有合法的组建机构。

(4)要有固定的场所。

(5)集资要合理、合法,按农民合作社法要求组建。

9.养殖小区畜禽最少数量是多少?

养羊小区:基础母羊300~500只,或出栏母羊1000~1500只。

养牛小区(肉牛、奶牛):基础母牛100~150头,出栏肉牛300~500头。

养猪小区:繁殖母猪200~300头,出栏1500~3000头(种猪、育肥猪)。

养鸡小区:蛋鸡10 000~20 000只,出栏30 000~50 000只。

10.给反刍动物喂小苏打有什么作用? 应注意哪些问题?

小苏打具有弱碱性。小苏打的作用机理就是作为电解质的离子平衡以及酸碱平衡的生理作用。畜禽体内的电解质平衡对维持渗透压、酸碱平衡、水盐代谢具有重要作用。小苏打可以调节畜禽机体的酸碱度,使环境保持相对稳定状态,提高机体抵抗力及免疫力。小苏打能中和胃酸,溶解黏液,降低消化液的黏度,并促进胃肠收缩,有健胃、抑酸和增进食欲的作用,从而提高畜禽对饲料的消化力,加速营养物质的利用。同时小苏打还是血液和组织中的主要缓冲物质,可以提高血液pH值及碱储备,有助于畜禽内分泌系统抵抗应激反应。

适量地添加小苏打,可提高牛羊采食,但是,在添加时必须慎重。当食盐与小苏打同时应用时,可使牲畜体内钠离子增多,超过一定量时会导致牲畜体组织液钠潴留,引起水肿,以及影响神经中枢,引起运动障碍。所以在添加小苏打时,应减少食盐的使用量。

另外，在使用小苏打时还应注意以下事项：

①小苏打不稳定，在潮湿环境中易分解，不宜久置；

②随用随加，注意混合均匀；

③添加量随饲料组合、饲养水平而异，用量不宜过大，一般饲料中添加量以0.5%以下为宜；

④小苏打为碱性物质，应避免与酸性药物配伍使用，包括维生素C、液酸、青霉素、土霉素等，以免引起失效。

11. 各类动物妊娠（孵化）期是怎样的？

有些场户在饲养动物时，常因对繁殖期掌握不准确，等到临产期因准备不足而造成失误，甚至造成仔畜死亡的不良后果。动物在饲养管理良

猪	114天（100~118天）
黄牛、奶牛	280天（270~285天）
牦牛	257天左右
羊	150天（山羊147~155天，绵羊144~152天）
马	340天（330~350天）
驴	360天（350~365天）
骆驼	406天（390~410天）
梅花鹿	235天（229~241天）
犬	60天（58~64天）
兔	30天（29~31天）
猫	63天（60~66天）
貂、水貂	47天（37~91天）
鸡	21天
鸭	28天
鹅	31天
鸽	18天
乌骨鸡	21天
珍珠鸡	26天
火鸡	28天
鹌鹑	16~18天
孔雀	27天

好、健康无病或无其他应激状态下，其繁殖孵化期变动范围不大。各类动物妊娠(孵化)期见表：

麝一般为175~190天，平均为181天。产双羔或3羔妊娠期为184~189天。

12.动物经长途运输后如何饲喂草料？

经过长途运输的动物到达新环境(目的地)后的草料饲喂一定要做到科学合理，循序渐进，逐步调整，以防由于饲草料的饲喂不合理和饲草料品种更换太突然，引发动物的胃肠道疾病或者造成意外事故发生。

(1)动物下车后，不要急于喂草，更不能急于喂料，先让动物休息2~3小时左右，让其对新的环境略有适应，让其情绪平静下来以后再给动物喂草。

(2)24小时内只给动物分次少量饲喂易消化的燕麦草、苜蓿、箭筈豌豆、红豆草等优质干草，不宜饲喂难以消化的秸秆等；

(3)一个星期内不宜给动物饲喂青贮草等青绿多汁饲草，以防引起胃肠道疾病。

(4)48小时以后待动物饮水、采食逐步恢复正常以后，可以考虑适量饲喂易消化的玉米、麸皮、大麦等精饲料，不宜过早饲喂豌豆、青稞、豆粕、油粕等蛋白质含量较高且不易消化的精饲料。

(5)一个星期以后，可以逐步按照动物的不同品种、不同年龄、不同用途、不同的生长发育阶段确定的饲草料配方开始正常饲喂。

13.动物经长途运输后如何合理饮水？

经过长途运输的动物到达新的环境(目的地)后最初的饲养管理尤为重要，如果饲养管理科学得当，就能保证动物很快适应新的环境、新的饲养方式、新的饲草料变化，降低长途运输和环境突然改变造成的动物饮食欲减退、掉膘、流产、机体抵抗力下降等不良反应。建议养殖户对经过长途运输的动物，在初期掌握合理的饮水时间和饮水方法。经过长途运输的动物一定不能急于饮水，尤其不能大量饮水，否则会导致胃肠疾病的发生，甚至引起意外。

（1）动物的饮水时间应当控制在到达目的地后采食优质干草12小时以上，24小时以内比较合理。

（2）饮水温度以常温为宜，如果饮用水是深井水时可考虑先将饮用水在太阳底下晒1~2小时饮用更好（冬天可考虑给动物先饮一次阴阳水）。同时为了防止动物第一次发生暴饮，初次饮水时要按照1~2小时的间隔间断，分次饮水，直至饮足为止。

（3）要注意饮水消毒，按比例加入高锰酸钾等消毒药物，以预防胃肠疾病的发生和疫病传播。

14.动物饲养员应该如何保护自身的健康安全？

饲养员在工作中，经常与动物、动物尸体、饲养动物所用的设备工具、动物经常生活的环境、动物的粪便、动物产品、动物的饲草料、动物的饮水等接触。这是不可避免的事情，如果在日常工作中不能做到严格防护，规范操作，不仅有可能使自己的身体受到伤害，而且一旦感染上人畜共患病，就会给自己的身体造成危害。

所以，饲养员在动物饲养工作中必须做到十个谨慎，确保自己身体不受伤害，杜绝各种人畜共患病的发生与传播。

（1）使用消毒药品要谨慎

因为所有消毒药品对细菌、病毒、微生物具有很大的杀伤力，如果不能严格按说明书在启封、配制、使用、处置剩余消毒药过程中加强防范，就会对自己身体造成危害。

（2）使用兽用药品要谨慎

因为它在给动物治病的过程中会对饲养员的身体造成危害。

（3）接触动物要谨慎

饲养员在与动物的接触过程中一定要加强防护，防止受到疾病传染。

(4)接触动物饲草料要谨慎

动物的饲草料中不仅有大量的粉尘，还有大量的添加物。

(5)接触动物的尸体要谨慎

在与动物尸体接触和解剖动物时一定要格外谨慎，防止一些传染病给自己的身体造成危害。

(6)接触动物的粪便要谨慎

动物的粪便不仅仅是饲草料的代谢物，而且还带有大量的病原微生物。

(7)接触动物的环境要谨慎

动物的圈舍是动物从早到晚的生活环境，有大量的有害气体和有害物质。

(8)接触动物的饮水要谨慎

饲养员一定不能使用动物使用过的水，一定不能使用动物饮用水下游的水当生活用水，否则动物排泄的有害物质会对饲养员的身体造成危害。

(9)接触动物的设施和用具要谨慎

动物长期使用过的设施和用具会有大量的病原微生物寄生，如果不经过严格的消毒和无害化处理就使用，会对自己的身体造成危害。

(10)接触动物的产品要谨慎

动物的产品有胴体、皮毛、脏器、血液、骨骼、乳汁等，如果不能通过规范的处理方式进行处理，就去接触和使用，会对自己的身体造成危害。

在生产实践中，常用的防护用具和用品有一次性医用口罩、防护帽、橡胶手套、胶鞋、墨镜、工作服、酒精、来苏尔、肥皂等。

15.怎样给家畜科学饲喂甜菜叶?

甜菜叶含水量高、适口性强、青绿多汁，饲喂家畜后具有增加产奶量、促进消化、增加食欲和轻泻等作用，是公认的优质青绿饲料。但由于农户对甜菜叶饲喂家畜的基本常识了解不够，导致在饲喂甜菜叶后家畜出现突然死亡的现象时有发生，给农户造成了无法挽回的损失。

所以,农户在使用甜菜叶饲喂家畜时要注意掌握以下几方面的基本常识。

(1)要现采现喂,一次不宜采集过多而造成浪费。

(2)要由少到多、循序渐进饲喂,一开始不宜过多,以防引起腹泻。

(3)采集后的甜菜叶不宜大量长期堆放,以防发热产生有毒物质,导致饲喂家畜后引起中毒。

(4)提倡将甜菜叶蒸煮熟化后饲喂,但是一定要现煮现喂,经过蒸煮后的甜菜叶不得长时间堆放和过夜,以防家畜食后中毒。

(5)要把甜菜叶与其他精饲料混合饲喂,最好不要单独饲喂,以提高其营养价值。

(6)幼畜、怀孕母畜、体弱家畜饲喂时要严格控制饲喂量。有胃肠疾病的家畜要暂缓和停止饲喂甜菜叶。

16. 畜禽(鸡、牛、羊、猪)的最佳饮水量是多少?

水对畜禽饲养非常重要,蛋鸡缺水则产蛋量下降,猪缺水则生长缓慢,奶牛缺水则产奶量减少。保证畜禽生产性正常发挥,应按最佳饮水量供给。

鸡的最佳饮水量。按周龄递增:1~6周龄雏鸡,每天每只鸡供给20~100毫升;7~12周龄青年鸡,每天每只鸡供给100~200毫升;不产蛋母鸡,每天每只鸡供给200~230毫升;产蛋母鸡,每天每只鸡供给230~300毫升。饮水量与采食量的比例:在正常(20℃)气温中,饮水量为采食量的2倍;在高温(35℃)环境中,饮水量为采食量的5倍。饮水量随产蛋率的上升而增加:产蛋率为50%时,蛋鸡需水量为每天每只鸡170毫升;以后产蛋率每提高10%,则饮水量相应增加12毫升。饮水量的季节变化:冬季每天每只鸡需饮水100毫升;春季和秋季每天每只鸡需饮水200毫升;夏季每天每只鸡需饮水300毫升。

肉牛的最佳饮水量。牛每采食1千克饲料,在-17~10℃时,需饮水3.5升;在10~15℃时,需饮水3.6升;在15~21℃时,需饮水4.1升;在21~27℃时,需饮水4.7升;在27℃以上时,需饮水5.5升。

羊的最佳饮水量。羊在-17~27℃的气温环境中，每采食1千克饲料，需要饮水2~3升。

猪的最佳饮水量。饮水量与采食的比例：猪每采食1千克饲料需饮水2~2.5升。饮水量因饲料含钾量不同而异：每千克饲料含8克钾时，采食量与饮水量之比为1∶3；每千克饲料含9~14克钾时，采食量与饮水量之比为1∶4。

重点在线 ZHONGDIANZAIXIAN

参与方式

1. 全省范围,不加区号,直接拨打12316。

2. 加入"甘肃12316互动交流群", QQ群号:322915909。

参与媒体

1. 电视

《12316走进三农》,甘肃电视台经济频道每周五19:47播出,每周六12:47、每周二12:47重播。

2. 广播

《12316三农热线》,甘肃农村广播(FM92.2)每天13:00 ~ 14:00直播。

《12316金色田野》,甘肃新闻综合广播(FM96、AM684、AM873)每周一、三、四、五14:00 ~ 15:00直播。

3. 网站

通过浏览甘肃农业信息网(nync.gansu.gov.cn)"三农热线"栏目获取更多服务与帮助。

4. 报纸

《甘肃农民报》"农家富"版面。